河（湖）长能力提升系列丛书

SHUI WURAN YU SHUI HUANJING ZHILI

水污染与水环境治理

朱丽芳　夏银锋 等　编著

HE (HU) ZHANG NENGLI TISHENG XILIE CONGSHU

中国水利水电出版社
www.waterpub.com.cn
·北京·

内 容 提 要

本书为《河（湖）长能力提升系列丛书》之一，共分为7章，涵盖了水环境监测、水污染及其防治、水体富营养化及其防治、水环境质量评价、环境法规和水环境管理、水环境保护规划等内容，比较全面地介绍了影响河湖水环境和水生态健康的主要污染来源及其防治措施，并针对河流综合治理、湖（库）富营养化治理以及水污染控制规划提供了实例。

本书可作为河（湖）长制学员的培训教材或参考书，也可作为相关专业高等院校师生用书。

图书在版编目（CIP）数据

水污染与水环境治理 / 朱丽芳等编著. -- 北京 : 中国水利水电出版社, 2019.8
（河（湖）长能力提升系列丛书）
ISBN 978-7-5170-8262-0

Ⅰ. ①水… Ⅱ. ①朱… Ⅲ. ①水污染防治②水环境一综合治理 Ⅳ. ①X52②X143

中国版本图书馆CIP数据核字(2019)第277412号

书　　名	河（湖）长能力提升系列丛书 **水污染与水环境治理** SHUI WURAN YU SHUI HUANJING ZHILI
作　　者	朱丽芳　夏银锋　等　编著
出版发行	中国水利水电出版社 （北京市海淀区玉渊潭南路1号D座　100038） 网址：www. waterpub. com. cn E-mail：sales@waterpub. com. cn 电话：(010) 68367658（营销中心）
经　　售	北京科水图书销售中心（零售） 电话：(010) 88383994、63202643、68545874 全国各地新华书店和相关出版物销售网点
排　　版	中国水利水电出版社微机排版中心
印　　刷	北京印匠彩色印刷有限公司
规　　格	184mm×260mm　16开本　14.25印张　271千字
版　　次	2019年8月第1版　2019年8月第1次印刷
印　　数	0001—6000册
定　　价	**58.00**元

《河（湖）长能力提升系列丛书》
编 委 会

本 书 编 委 会

主　编　朱丽芳　夏银锋

副主编　白福青　汪国英

参　编（按姓氏笔画排序）

卢德宝　刘克贞　李　慧　杨　睿　陈　晗

钟宇驰　耿　楠

丛书前言

FOREWORD

党的十八大首次提出了建设富强民主文明和谐美丽的社会主义现代化强国的目标，并将“绿水青山就是金山银山”写入党章。中共中央办公厅、国务院办公厅相继印发了《关于全面推行河长制的意见》《关于在湖泊实施湖长制的指导意见》的通知，对推进生态文明建设做出了全面战略部署，把生态文明建设纳入“五位一体”的总布局，明确了生态文明建设的目标。对此，全国各地迅速响应，广泛开展河（湖）长制相关工作。随着河（湖）长制的全面建立，河（湖）长的能力和素质就成为制约“河（湖）长治”能否长期有效的决定性因素，《河（湖）长能力提升系列丛书》的编写与出版正是在这样的环境和背景下开展的。

本丛书紧紧围绕河（湖）长六大任务，以技术简明、操作性强、语言简练、通俗易懂为原则，通过基本知识加案例的编写方式，较为系统地阐述了河（湖）长制的构架、河（湖）长职责、水生态、水污染、水环境等方面的基本知识和治理措施，介绍了河（湖）长巡河技术和方法，诠释了水文化等，可有效促进全国河（湖）长能力与素质的提升。

浙江省在“河长制”的探索和实践中积累了丰富的经验，是全国河长制建设的排头兵和领头羊，本丛书的编写团队主要由浙江省水利厅、浙江水利水电学院、浙江河长学院及基层河湖管理等单位的专家组成，团队中既有从事河（湖）长制管理的行政人员、经验丰富的河（湖）长，又有从事河（湖）长培训的专家学者、理论造诣深厚的高校教师，还有为河（湖）长提供服务的企业人员，有力地保障了这套丛书的编撰质量。

本丛书涵盖知识面广，语言深入浅出，着重介绍河（湖）长工作相关的基础知识，并辅以大量的案例，很接地气，适合我国各级河（湖）长尤其是县级及以下河（湖）长培训与自学，也可作为相关专业高等院校师生用书。

在《河（湖）长能力提升系列丛书》即将出版之际，谨向所有关心、支持和参与丛书编写与出版工作的领导、专家表示诚挚的感谢，对国家出版基金规划管理办公室给予的大力支持表示感谢，并诚恳地欢迎广大读者对书中存在的疏漏和错误给予批评指正。

2019 年 8 月

本书前言

FOREWORD

河流与人类的发展关系密切。黄河、长江孕育了华夏文明；尼罗河孕育了古埃及文明；幼发拉底河、底格里斯河孕育了古巴比伦文明；恒河孕育了古印度文明。人类的文明史可以说就是河流的流淌史。虽然随着科技的进步、社会的发展，人类的生存已经不局限于大河流域，但河流仍是我们所处的自然环境中重要的组成部分。20世纪50年代以来，人工化学合成品的种类和数量也迅猛增长，如化肥、农药等。化学合成品的滥用，使得大量含有毒、有害物质的废水、污水进入水体，产生了一系列水环境问题，如水质恶化、水生生物死亡、水体富营养化等。水环境的污染和破坏已成为当今世界主要的环境问题之一。

我国的淡水资源总量约为28124亿m^3，居世界第6位，但人均占有量只有2200m^3，仅为世界平均水平的1/4、美国的1/5，在世界上名列121位，是全球13个人均水资源最贫乏的国家之一。2017年，全国废水排放总量达到777.4亿t，其中城镇生活污水排放量达到594.5亿t，占76.5%。除此之外，我国的农村生活污水排放量也已经超过200亿t/a。目前，我国城市污水处理率为95%，县城污水处理率为90%，农村污水处理率仅为20%。根据2010—2012年第一次全国水利普查成果，我国流域面积50km^2及以上的河流共45203条，总长度达150.85万km。常年水面面积1km^2及以上的湖泊共2865个，水面总面积7.80万km^2。其中，淡水湖1594个，咸水湖945个，盐湖166个，其他湖泊160个。这些河流、湖泊，无论大小都是整个生态系统的有机组成部分，关系到整个生态系统的健康和安全。这么多河流、湖泊的日常管理是一个巨大的工程。推行河（湖）长制，是推进河湖系统保护和水生态环境整体改善，保障河湖功能永续利用，维护河湖健康生命的一大创举。

加强水资源保护、加强河湖水域岸线管理保护、加强水污染防治、加强水环境治理、加强水生态修复和加强执法监督是作为一名河（湖）长的六大任务。全国数以万计的河（湖）长，如何出色地完成这六大任务，培训是关键。2017年12月28日，全国首家河长学院——浙江河长学院在浙江水利水电学院正式成立。浙江河长学院的成立，体现了新时代治水精神下的实践探索，为全面贯彻落实“绿水青山就是金山银山”的理念提供了新的尝试。

作为河（湖）长培训中的关键课程，我国一直缺乏针对河湖水环境特点、符合现代河（湖）长培训要求的水污染和水环境治理教材。遵循于此，本书围绕我国河湖水污染现状，针对河（湖）长面对的实际问题进行讨论，主要涵盖了水环境监测、水污染及其防治、水体富营养化及其防治、水环境质量评价、环境法规和水环境管理、水环境保护规划等内容。与此同时，本书注重案例教学，给出了河湖治理和管理的相关案例。

本书编写过程中对一些实用方法进行了总结和介绍，主要体现在水样的采集和保存方法、河流综合治理技术、水环境容量及水域纳污能力计算等，并引用和吸取了有关专家的成果及公布的权威资料。

本书在编写出版过程中得到了中国水利水电出版社有限公司、华东勘测设计研究院有限公司等单位的支持、关怀和帮助，在此致以衷心的感谢。

由于水平有限，不当之处在所难免，恳请读者给予指正。

编者

2019年8月

目录

CONTENTS

第1章 绪论

1.1 我国水环境现状

1.1.1 水环境的概念

在地球表面，水体面积约占地球表面积的71%。地球上的水主要由海洋水和陆地水两部分组成，分别占总水量的97.28%和2.72%。陆地水虽然所占比例很小，但与人类活动密切相关，是人类社会赖以生存和发展的重要场所，也是受人类干扰和破坏最严重的水域。

水环境是指围绕人群空间及可直接或间接影响人类生活和发展的水体，其正常功能的各种自然因素和有关的社会因素的总体，主要由地表水环境和地下水环境两部分组成。地表水环境包括河流、湖泊、水库、海洋、池塘、沼泽和冰川等，地下水环境包括泉水、浅层地下水、深层地下水等。天然水的基本化学成分和含量，反映了它在不同自然环境循环过程中的原始物理化学性质，是研究水环境中元素存在、迁移、转化和环境质量（或污染程度）与水质评价的基本依据。人类活动导致的水环境污染和破坏已成为当今世界主要的环境问题之一。

1.1.2 我国水环境问题

水是生命之源，是万物生长繁殖都不可缺少的资源，在经济建设和社会发展中也具有举足轻重的地位。近些年，随着我国工业化、城镇化进程不断推进，社会经济得到飞速发展，我国水体的水质状况总体上却呈现恶化趋势。

目前，我国水环境主要存在以下问题：

(1) 水资源时空分布不均，受我国季风气候及地形条件的影响，我国水资源量自东南沿海向西北内陆呈递减的趋势，具有东多西少、南多北少的特点。并且我国是一个缺水严重的国家，虽然淡水资源总量约为28124亿m^3，居世界第6位，但人均占有量只有2200m^3，仅为世界平均水平的1/4、美国的1/5，在世界上名列121位，是全球13个人均水资源最贫乏的国家之一。除去难以利用的洪水泾流和偏远地区的地下水资源后，我国现实可利用的淡水资源量则更少，仅为11000亿m^3左右，人均可利用水资源量约为900m^3，并且其分布极不均衡。大量淡水资源集中在南方，北方淡水资源只有南方水资源的1/4。水利部预测，2030年我国人口将达16亿人，届时人均水资源占有量仅有1750m^3。

(2) 水污染状况严重。2018年，全国地表水监测的1935个水质断面（点位）中，Ⅰ～Ⅲ类比例为71.0%；劣Ⅴ类比例为6.7%。2018年，长江、黄河、珠江、松花江、淮河、海河、辽河七大流域和浙闽片河流、西北诸河、西南诸河监测的1613个水质断面中，Ⅰ类占5.0%、Ⅱ类占43.0%、Ⅲ类占26.3%、Ⅳ类占14.4%、Ⅴ类占4.4%、劣Ⅴ类占6.9%。黄河、松花江和淮河流域为轻度污染，海河和辽河流域为中度污染。虽然近年来我国水环境质量稳中向好，但依然面临巨大的压力。

(3) 水体富营养化日趋严重。我国是一个多湖泊国家，天然湖泊遍布全国，湖泊在我国社会经济发展中占据了十分重要的地位。但目前我国多个大中型湖泊不仅水质恶化，其生态系统也发生了明显退化。根据生态环境部的统计，全国监测营养状态的107个湖泊（水库）中，存在富营养化现象的有31个，占29%。其中太湖、巢湖和滇池均存在不同程度的水体富营养化现象，对周边居民的饮水安全造成了极大的威胁。同时，随着城市化的推进，城市河道生态空间受到严重挤压，环境承载力下降，污染物负荷却不降反升，致使城市河道富营养化日趋严重。农村河道由于化肥的过量使用，生活污水的无序排放，河道生态系统日渐脆弱，致使水体自净能力不断下降，营养元素不断积累，普遍存在富营养化的问题。水体富营养化已成为我国面临的重大水环境问题之一。

1.1.3 我国主要流域的水环境状况

随着我国水环境治理力度的加大，水污染问题得到一定的改善。以下就近

十年来我国十大流域水质状况进行分析。

1. 长江流域

近十年来，长江流域的水质一直维持在一个较好的水平，总体水质优或良好。主体上干流水质为优，主要支流水质良好，省界断面水质良好。长江流域以Ⅰ～Ⅲ类水为主，劣Ⅴ类水占比均小于10%。主要污染指标为NH_3—N。2015年之前，长江流域某些重要支流仍存在少量轻度污染或重度污染的状态。如2014年，主要支流中，螳螂川、涢水、府河和釜溪河为重度污染；岷江、沱江、滁河、外秦淮河、黄浦江、花垣河和唐白河为轻度污染。随着对长江流域水环境的综合治理，2018年，长江流域干流水质为优，主要支流水质处于良好的水平。2008—2018年长江流域水质状况分类变化图如图1-1所示。

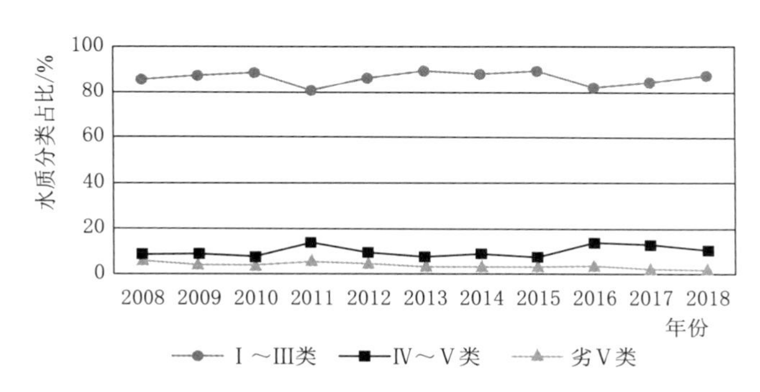

图1-1 2008—2018年长江流域水质状况分类变化图

2. 黄河流域

近十年来，黄河流域的水质经历了由中度污染到轻度污染的转变，水环境治理初见成效。2012年之前，黄河流域劣Ⅴ类水的占比一直高于Ⅳ～Ⅴ类水，但是劣Ⅴ类水的占比呈现逐年降低的趋势，最后一直稳定在某一水平上。2011—2012年Ⅰ～Ⅲ类水有一个下降过程，之后一直稳定，主要污染指标为石油类、NH_3—N和BOD_5。黄河流域污染较为严重的均为支流，如2014年，主要支流中，总排干、三川河、汾河和涑水河为重度污染；大黑河和渭河为中度污染；伊洛河、沁河、灞河、北洛河和丹河为轻度污染；其余支流水质均为优或良好。2008—2018年黄河流域水质状况分类变化图如图1-2所示。

3. 珠江流域

与长江流域类似，珠江流域也处于一个较为稳定且优良的水平上，以优或良好为主，个别年份中小部分支流上可能会出现污染的情况。如2011年，水质

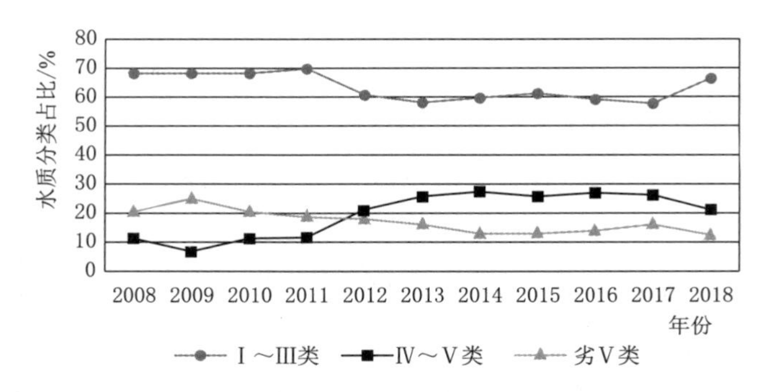

图 1-2　2008—2018 年黄河流域水质状况分类变化图

总体良好。珠江广州段为轻度污染，主要污染指标为石油类和 NH_3—N。深圳河污染严重，主要污染指标为 NH_3—N、TP。海南岛内河流中主要污染指标为石油类，省界河段水质总体为优。其中，Ⅳ～Ⅴ类水占比较低，劣Ⅴ类水占比也较低，Ⅰ～Ⅲ类水占比较高。总体来说，2008—2018 年珠江流域的水质保持在较好的水平。2008—2018 年珠江流域水质状况分类变化图如图 1-3 所示。

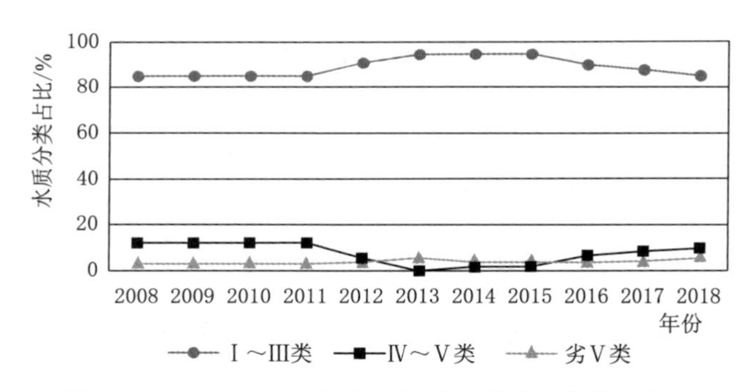

图 1-3　2008—2018 年珠江流域水质状况分类变化图

4. 松花江流域

松花江流域的水质变化起伏较大，总体正朝着好的方向发展，但水质总体仍为轻度污染。其中，Ⅰ～Ⅲ类水占比从 2008 年的 32%逐渐提高到 2018 年的 57.9%，Ⅳ～Ⅴ类水占比从 2008 年的 46%逐渐下降到 2018 年的 30%，但劣Ⅴ类水占比却并未有明显降低。2018 年，松花江流域的水质总体上为轻度污染，主要污染指标为 COD、COD_{Mn} 和 NH_3—N。其中，干流水质为优，主要支流为中度污染，黑龙江水系、图们江水系和乌苏里江水系为轻度污染，绥芬河水质良好。2008—2018 年松花江流域水质状况分类变化图如图 1-4 所示。

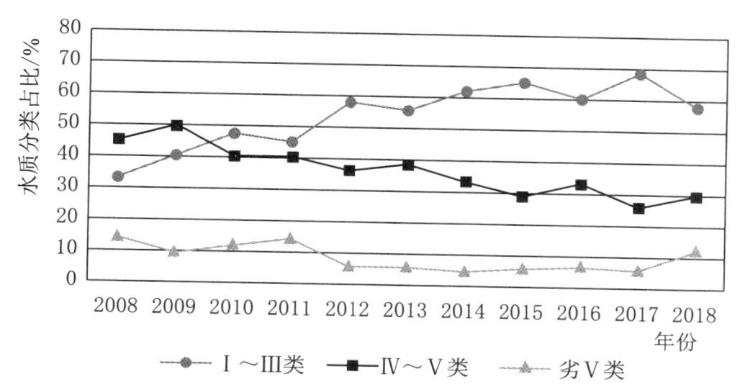

图 1-4　2008—2018 年松花江流域水质状况分类变化图

5. 淮河流域

淮河流域的水质状况也呈逐渐改善的趋势，但总体仍为轻度污染。2008 年，淮河流域的水污染比较严重，劣Ⅴ类水占比高达 20%以上。经过多年来的治理，2018 年劣Ⅴ类水占比仅为 2.8%。Ⅰ～Ⅲ类水占比在 2013 年有了较大的提高，但未能维持住这样的趋势；Ⅳ～Ⅴ类水占比的变化趋势正好与之相反。淮河流域的主要污染指标为 COD、COD_{Mn} 和 TP。其中，干流水质为优，主要支流和山东半岛独流入海河流为轻度污染，沂沭泗水系水质良好。淮河流域的水污染治理任务仍十分艰巨。2008—2018 年淮河流域水质状况分类变化图如图 1-5 所示。

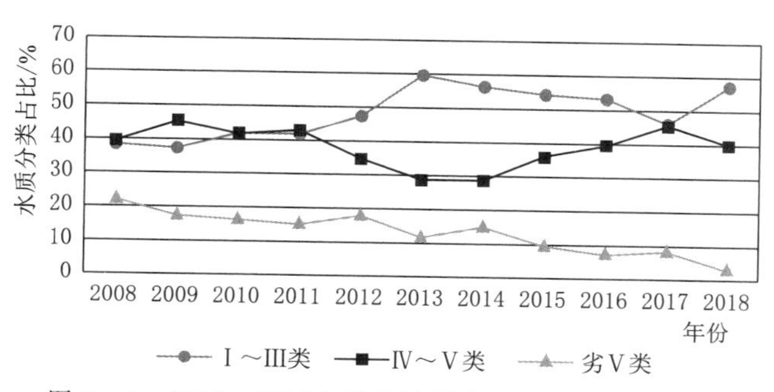

图 1-5　2008—2018 年淮河流域水质状况分类变化图

6. 海河流域

海河流域一直存在较为严重的水污染问题，劣Ⅴ类水占比居高不下，甚至一度超过Ⅰ～Ⅲ类水和Ⅳ～Ⅴ类水占比。经过多年的治理，直至 2017 年才有了较大的改善，但海河流域的水质总体仍为中度污染。海河流域的主要污染指标为 COD、COD_{Mn} 和 BOD_5。其中，主要支流为中度污染，滦河水系水质良好，徒骇—马颊河水系和冀东沿海诸河水系为轻度污染。2008—2018 年海河流域水质状况分类变化图如图 1－6 所示。

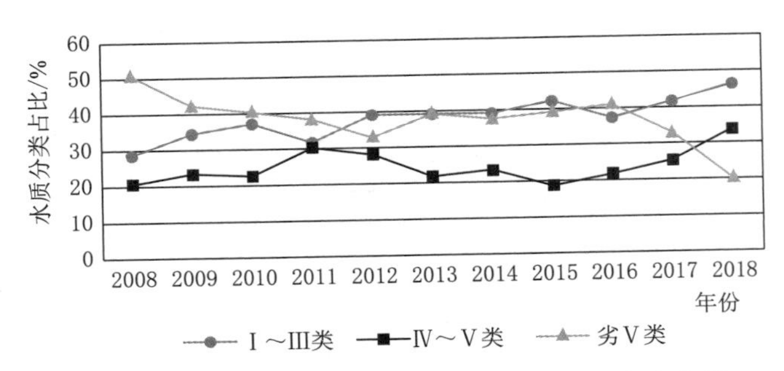

图 1－6　2008—2018 年海河流域水质状况分类变化图

7. 辽河流域

辽河流域的水质总体为中度污染，并且是全国唯一水质仍在恶化的流域，水污染控制压力巨大。2008—2018 年辽河流域水质状况分类变化图如图 1－7 所示，辽河流域的劣Ⅴ类水占比在 2013 年之后呈逐渐上升的趋势，Ⅳ类、Ⅴ类水占比呈下降趋势，总体水质仍有恶化。2018 年，辽河流域的水质总体为中度污染，主要污染指标为 COD、BOD_5 和 NH_3—N。其中，干流、主要支流和大辽河水系为中度污染，大凌河水系为轻度污染，鸭绿江水系水质为优。因此，加强辽河流域的水污染治理迫在眉睫。

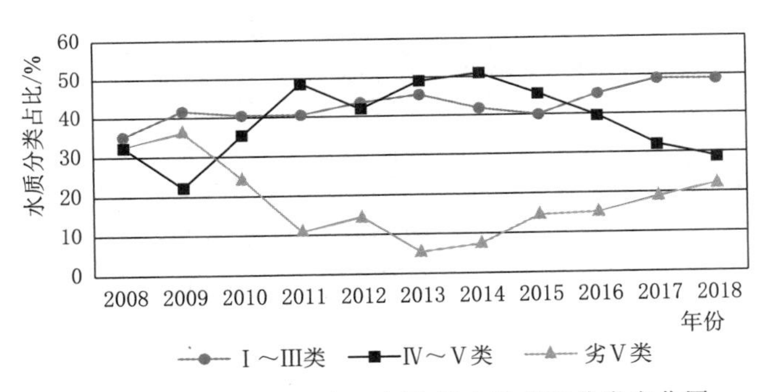

图 1－7　2008—2018 年辽河流域水质状况分类变化图

8. 浙闽区河流

浙闽区的河流水质总体良好，近年来水质不断改善，Ⅲ类水以上占比逐年上升，而劣Ⅴ类水占比始终保持在较低水平。这与近年来地方政府重视环境治理和生态保护密不可分。特别是浙江省率先实施的“五水共治”和剿灭“劣Ⅴ类水”等专项行动，不但有效提升了河流水质，而且起到了良好的宣传效果，民众的水环境保护意识不断加强，有效促进了水环境保护工作的推进。2008—2018年浙闽区河流水质状况分类变化图如图1-8所示。

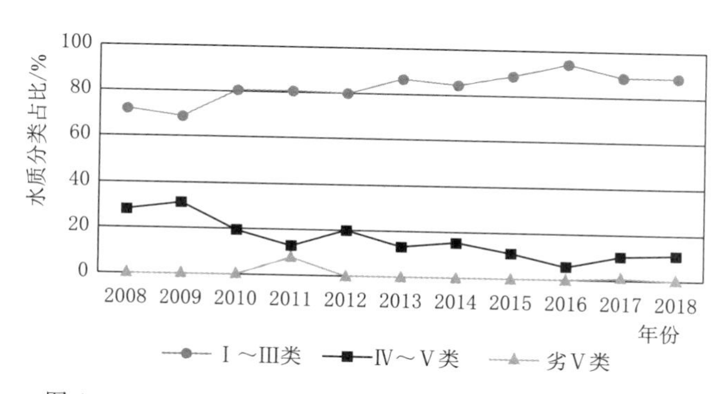

图1-8　2008—2018年浙闽区河流水质状况分类变化图

9. 西北诸河

西北诸河的水质一直保持在稳定且质量较高的水平，除2009年水质出现明显波动外，其余年份水质均为优或良好。这与当地的社会经济发展状况有关，污染负荷较小，河流生态保持良好，水体自净能力强。2008—2018年西北诸河水质状况分类变化图如图1-9所示。

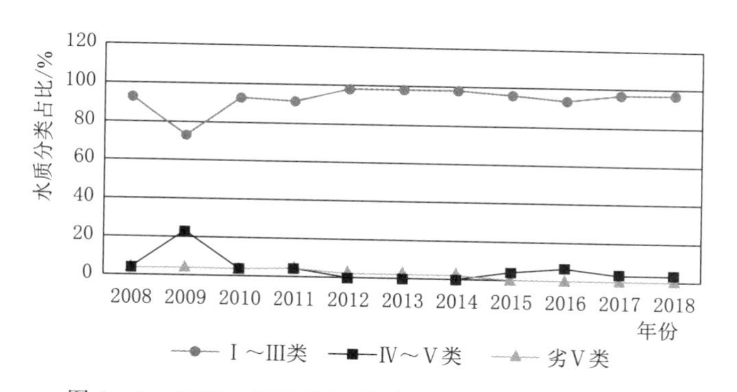

图1-9　2008—2018年西北诸河水质状况分类变化图

10. 西南诸河

与西北诸河类似，西南诸河的水质也一直处于较高水平。2008年，西南诸河水质总体良好，存在的主要污染物为重金属Pb；2011年的水质总体为优。西藏境内河流水质总体良好，云南境内河流水质总体为优。2008—2018年西南诸河水质状况分类变化图如图1-10所示。

由以上分析可知，我国的主要流域中，海河流域、辽河流域的水质状况亟

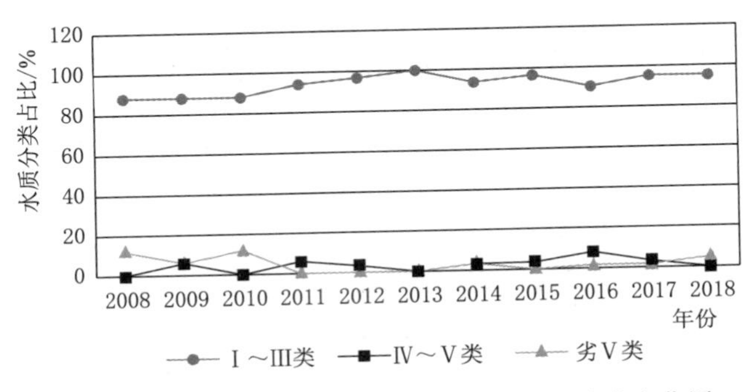

图 1-10　2008—2018 年西南诸河水质状况分类变化图

待改善，淮河流域和松花江流域水质向好，其他流域水质良好。虽然我国主要流域的水质稳中向好，但仍有较大的提升空间，水环境治理仍然任重道远。

1.1.4　我国湖（库）富营养化状况

我国湖泊和水库众多，且在人民的生产生活中发挥了重要作用。据统计，我国面积大于 2 km^2 的湖泊有 2390 个，蓄水量大于 10 万 m^3 的水库有 98000 余座。目前，富营养化是我国湖泊和水库面临的最大的水环境问题。根据 2018 年生态环境部的数据，监测营养状态的 107 个湖（库）中，贫营养化状态的 10 个，占 9.3%；中营养化状态的 66 个，占 61.7%；轻度富营养化状态的 25 个，占 23.4%；中度富营养化状态的 6 个，占 5.6%，重点湖（库）中不存在重度富营养化状态的湖（库）。重点湖（库）的富营养化状态近年来改善明显，主要表现为轻度富营养化的湖（库）数量明显减少。相较而言，水库的富营养化程度明显低于湖泊。2008—2018 年重点湖（库）富营养化状态变化图如图 1-11 所示。

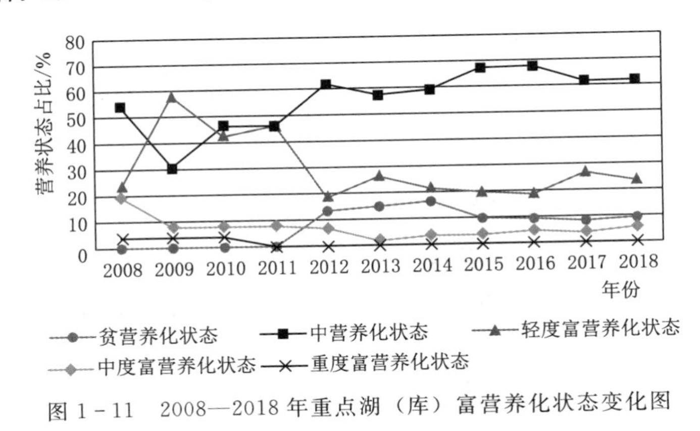

图 1-11　2008—2018 年重点湖（库）富营养化状态变化图

1.1.5 废水排放

废水排放是水环境污染物的主要来源之一，主要包括工业废水和生活污水。2017 年，全国废水排放总量达到 777.4 亿 t。其中工业废水排放量 182.9 亿 t，占废水排放总量的 23.5%；生活污水排放量 594.5 亿 t，占废水排放总量的 76.5%。工业废水排放量自 2010 年以来持续下滑，目前得到了有效控制。城镇生活污水受城市化进程的影响仍在不断上升，对于水环境的影响也尤为明显。

1. 工业废水排放

我国的工业废水排放量自 2010 年已连续 8 年出现下降，平均下降幅度为 2%（图 1-12）。预计到 2020 年工业废水排放量仍将保持 2%的下降趋势。尽管工业废水排放量有所减少，但基数仍然很大。与生活污水相比，工业废水对自然环境和生活环境会产生非常严重的危害，主要表现为工业废水流入河流、湖泊会污染地表水及周边生态环境，渗入土壤会造成土壤污染，渗入地下会污染地下水。被污染的地表水或地下水进入生活用水系统，或工业废水中的有害物质在动植物体内残留，最终通过食物链进入人体，均会对人类的健康造成危害，因此合理处置工业废水至关重要。

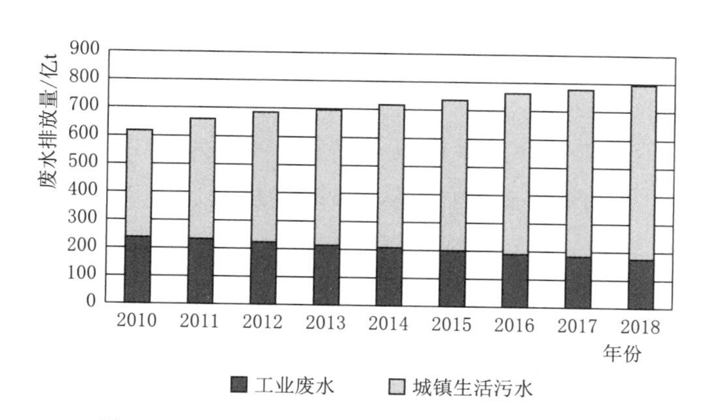

图 1-12 2008—2018 年我国废水排放量变化图

2. 城镇生活污水排放

我国城镇生活污水排放的特点是排放量大，并随着城镇化发展呈逐年上升趋势。2018 年我国城镇生活污水排放量为 620 亿 t，同比增长 4.3%，占全年污水排放总量的 78%。不同于工业废水排放量的逐年下降，城镇生活污水的排放

量自 2010 年已连续 8 年出现增长，平均增长幅度达到 6%。预计到 2020 年，城镇生活污水排放量仍将保持 6%的高速增长。随着我国经济的不断发展，城市人口持续增加，城镇生活污水成为我国废水排放总量不断增加的主要来源。

3. 农村生活污水排放

虽然我国城镇人口不断增加，但农村常住人口仍有 5.8 亿人，占人口总数的 41.5%。随着社会经济的快速发展，农民收入水平不断提高，农村人均生活用水量和污水排放量快速增加。2016 年，我国农村生活污水排放量达到 202 亿 t，同比增长 9.8%，已经超过了工业废水排放量。预测到 2020 年，农村生活污水排放量可达到接近 300 亿 t。农村生活污水的无序排放，未经处理、利用的粪便和各种污水严重污染了土壤、地表水和地下水，成为农村环境的重要污染源。农村河道水体变黑变臭、鱼虾绝迹、蚊蝇滋生，对人们的身体健康造成了极大威胁。全国仅有 22%的建制村生活污水得到处理，处理率低，农村生活污水治理已经迫在眉睫。农村生活污水治理目前面临的主要问题是污水量小且分散，水量水质变化大，排水系统建设不足等。因此，农村生活污水处理必须完善污水管网建设，并且结合当地实际，选择合适的处理工艺。

1.2　水体污染物及其危害

1.2.1　水体中的主要污染物

进入水体中的污染物种类多而复杂，常见的污染物主要分为三大类，分别为物理性污染物、化学性污染物以及生物性污染物。它们又细分为感官性污染物、固体污染物、热污染、放射性污染物、无毒物、耗氧有机物、有毒物质、油类污染物、病原微生物和生源物质等 10 种。

1. 物理性污染物

(1) 感官性污染物。感官性污染物主要包括 NH_3、H_2S、胺、染料、色素、泡沫等使水体颜色发生变化，气味发生改变，可通过人体的嗅觉、视觉等感官功能察觉到的污染物，其特征为水体染色，发出恶臭。

(2) 固体污染物。溶解性固体、胶体、悬浮物、泥沙、渣屑、漂浮物等都可归为固体污染物。其含量过高，超过水体自净能力便会使水体变浑浊。例如黄河由于河流中段流经我国黄土高原地区，因此挟带了大量的泥沙，所以它也被称为世界上含沙量最高的河流。

（3）热污染。热污染主要是指人类产生的过剩能量排放至水体，使水体升温、缺氧或气体过度饱和、富营养化，不利于水生生物的生长繁殖，从而引发一系列水体污染问题。水体热污染主要来源于工业冷却水，水温升高，使得水中的化学反应和生化反应速率也随之升高，许多有毒物质毒性增强，如氰化物、重金属离子等。水体热污染可使水生生物群落、种群结构发生变化，例如当河流的水温在20℃时利于硅藻繁殖，而在30℃时更有利于绿藻的繁殖；当河流的水温变化过大时，可威胁到鱼类的生活，甚至导致鱼类死亡。

（4）放射性污染物。在自然界和人工生产的元素中，有一些能自动发生衰变，并放射出肉眼看不见的射线。这些元素统称为放射性元素或放射性物质。水体中常见的放射性元素有238U、232Th、226Ra、90Sr、137Cs等。原本在化工、冶金、农业等领域排放到水体中的放射性物质可通过水和食物进入人体和各种生物，破坏机体内的大分子结构，甚至直接破坏细胞和组织结构，给人类和其他生物造成损伤。

2. 化学性污染物

（1）无毒物。非金属物质如Se、B、Br、I等以及各种无机或有机的酸、碱物质，可溶性碳酸盐类、硝酸盐类、磷酸盐类等，还有Ca^{2+}、Mg^{2+}组成的无机物质会对水体造成pH值异常、硬度改变。

（2）耗氧有机物。耗氧有机物主要是指碳水化合物、蛋白质、油脂、氨基酸、木质素等，这些物质在被水体中的微生物分解时，要消耗水中的DO，进而引起水体缺氧。水中有机物种类繁多，成分复杂，可被生物降解的程度也不一样。水质检测中常以DO、COD、TOD与TOC等指标来反映。

（3）有毒物质。水体中的有毒物质种类很多，又可分为重金属（如Hg、Cd等）、非金属（As、CN^-等）、农药污染（包括有机氯、有机磷农药、多氯联苯、多环芳烃、芳香烃类等）、易分解有机污染（酚类、苯、醛），它们都有同一种特点就是有毒性，对生物体的生命造成严重威胁，某些物质可致癌，含量过多时会导致水中生物大量死亡，也会消耗DO，产生异味等。

（4）油类污染物。含油污水是一种量大、面广且危害严重的污水，人类活动是其产生的主要因素，来源主要有油轮事故和海上石油开采的泄漏与井喷事故，港口和船舶作业中含油污水的排放、石油工业的废水及餐饮业、食品加工业、洗车业排放的含油废水等。

3. 生物性污染物

(1) 病原微生物。病原微生物使得水体带菌、传染疾病,有些具有毒性,可致癌。常见的病原微生物有细菌、病毒、病虫卵、寄生虫、原生动物、藻类等,它们主要来自生活污水,医院废水,制革、屠宰、洗毛等工业废水,以及畜牧污水。

(2) 生源物质。有机氮、有机磷化合物(洗涤剂)、Si、NO_3^-、NO_2^-、NH_4^+ 等可引起水体富营养化,使得水中DO减少,生物死亡,水体发黑变臭,最终变成"死水"。

1.2.2 水污染的危害

水体受到污染之后,可引起物理性、化学性、生物性等一系列的危害。其中物理性危害是指恶化感官性状,减弱浮游植物的光合作用,以及热污染、放射性污染带来的一系列不良影响;化学性危害是指化学物质降低水体自净能力,毒害水生动植物,破坏生态系统平衡,引起某些疾病和遗传变异,腐蚀工程设施等现象;生物性危害是指病原微生物随水传播,造成疾病蔓延等现象。

耗氧有机物大部分是无毒的,但其被微生物分解的过程中消耗大量的氧气,使水中DO减少,造成水体缺氧,水体中的鱼类等水生生物因此缺氧窒息,导致死亡。除此之外,当水中的DO耗尽时,有机物被厌氧微生物分解,产生CH_4、NH_3、H_2S等还原性气体,并产生腐黑物等使水体发黑变臭的物质,毒害周围环境。

富营养化是指湖泊、水库、海湾等封闭性或半封闭性水体内的营养元素富集,导致水体生产力提高,藻类异常繁殖,使水质恶化的过程。若N、P、K及其化合物等营养元素大量进入湖泊、水库和海湾,将促使大量水生植物(主要是藻类)疯长,占据大量生存空间,使鱼类活动空间减少;水体中藻类的种类也将减少,最终只有优势种,往往以蓝藻为主,且该藻类不适合做鱼饵料;藻类的大量繁殖使水体中的DO急剧变化,除去呼吸作用,死亡藻类的分解也将消耗大量的DO,一定时间后,水体将会处于缺氧状态,影响其他水生生物的生存。

一般重金属产生毒性的浓度范围为1～10mg/L，而Hg、Cd产生毒性的浓度为0.01～0.1mg/L，可见重金属的毒性很强，饮用水中含有微量重金属，便可对人体产生毒效应。并且多数重金属的半衰期较长，不易消失，也不易被分解，水体中的微量重金属可被水生生物（如鱼类）摄取，并通过食物链逐级放大，最终将会富集于人体中，影响人类的健康。

石油类污染物在进入水体后，会在水面上形成厚度不一的油膜，隔绝水面与大气，减少水中的DO，从而影响水体的自净作用，致使水质发黑变臭。它们还会不断扩散和下沉，使得污染范围越扩越大，破坏水体的正常生态环境。另外，水面浮油还可富集毒物到水体表层毒害水生生物，导致其中毒。石油污染水体后还可直接引起鱼类死亡。油污染还能使鱼虾类生物产生特殊的气味和味道，降低水产品的食用价值，严重影响其经济利用价值。除此之外，通过食物链的传递影响人体多种器官的正常功能，引发多种疾病，最终会危及人体的健康和安全。另外，水体石油污染还会造成相当大的社会和经济损失，影响旅游业和娱乐业等。

为防治农业病虫害，许多地方大量使用难降解的有机毒农药，常见的有DDT、六六六等。多数农药的化学性质稳定，不易分解，可长期留在土壤或作物中，受雨水冲刷进入水体，危害水生生物。难分解的有机毒物质也会在食物链中富集，最终影响人体健康。其中DDT会在人体中积累，导致慢性中毒，影响人体神经功能，破坏肝功能，造成生理伤害。

酚类化合物毒性较弱，长期摄入会引起慢性中毒，当超过一定浓度时也会造成生物体死亡。如苯酚对鱼类的致死浓度为5～20mg/L。

氰化物是剧毒性物质，0.12g氰化钾或氰化钠可致人立刻死亡。水体中的氰化物含量超标，能抑制细胞呼吸，造成生物组织严重性缺氧、急性中毒。

病原微生物如霍乱、伤寒、肠胃炎及蛔虫、血吸虫等寄生虫病可引起各种肠道传染病，而肠道病毒、腺病毒、传染性肝炎病毒等将会直接致病。病原微生物是水体污染中主要的污染物。

1.3 水的自净

在水的自然循环中，往往有一些具有危害性的物质进入水体中，引起水质的变化，这些物质称为污染物。污染物进入水体后，会使水环境受到不同程度的污染。健康的水体由于存在较为稳定的生态系统，因此对于进入水体的污染物具有一定的自净能力。经过水体的物理、化学与生物作用，污水中污染物的浓度降低，经过一段时间后，水体往往能恢复到受污染前的状态，并在微生物的作用下进行分解，从而使水体恢复清洁，这一过程称为水体的自净过程。

1.3.1 水体自净的过程

地表水的自净过程主要包括混合、日光照射、稀释、沉降、挥发、逸散、中和、有机物的分解、耗氧与复氧以及微生物死亡等。水体自净的结果是感官性状可基本恢复到污染前的状态，分解物稳定，水中DO增加，COD降低，有害物质浓度降低，致病菌大部分被消灭，细菌总数减少等。总的来说，水体自净作用主要通过物理、化学、生物三方面的作用来实现。

1. 物理作用

物理作用包括可沉性固体逐渐下沉，悬浮物、胶体和溶解性污染物稀释混合，浓度逐渐降低。其中稀释作用是一项重要的物理净化过程。

2. 化学作用

化学作用指污染物质由于氧化、还原、酸碱反应、分解、化合、吸附和凝聚等作用而使污染物质的存在形态发生变化和浓度降低。

3. 生物作用

生物作用指由于各种生物（藻类、微生物等）的活动特别是微生物对水中有机物的氧化分解作用使污染物降解。它在水体自净中起到非常重要的作用。

水体中污染物的沉淀、稀释、混合等物理过程，氧化还原、分解化合、吸附凝聚等化学和物理化学过程以及生物化学过程等，往往是同时发生，相互影响，并相互交织进行。一般说来，物理化学和生物化学过程在水体自净中占主要地位。

当然，水体的自净能力是有限的，超过水体的自净能力，其污染就不能清除，水质仍可进一步恶化。水体的自净与污染物的种类、负荷、性质、浓度和水体本身的物理、化学、生物等因素密切相关。

1.3.2 水体自净的实质

污染物在水体自净过程中的实质，即污染物经过物理、化学、生物等作用发生转移和转化的过程，包括污染物的迁移、转化和生物富集（又称生物浓缩）。

1. 迁移

污染物在环境中所发生的空间位置的移动及其所引起的富集、分散和消失的过程，称为污染物的迁移。污染物的迁移主要有以下方式：

（1）机械迁移。机械迁移即污染物在水体中的扩散作用及其被水流的搬运。

（2）物理—化学迁移。对无机污染物而言，物理—化学迁移是以简单的离子、络合离子或可溶性分子的形式通过溶解—沉淀作用、氧化—还原作用、水解作用、吸附作用、螯合作用等来实现污染物的迁移；对有机污染物而言，除上述作用外，还可通过化学分解和光化学分解等作用来实现。物理—化学迁移是污染物在环境中迁移的最重要形式。

（3）生物迁移。生物迁移是一种非常复杂的迁移形式，污染物通过生物体的吸收、代谢、生长、死亡等过程来实现迁移，它与各生物种属的生理、生化、遗传、变异等作用有关。

2. 转化

污染物的转化主要通过氧化还原、络合水解和生物降解等作用实现。环境中的重金属在氧化还原条件下，可接受或失去电子，改变化学毒性和迁移能力。如五价砷在水中还原转化为三价砷，毒性增大。水解是化合物同水反应，使其性质变化，并使其进一步分解和转化的过程。此外，水中还含有各种螯合剂，如胡敏酸和富里酸等，可与水中的有害物质发生螯合反应，改变其存在状态。

3. 生物富集

水体中某些污染物如重金属、有机氯农药、多氯联苯等被水生生物吸收后，可在生物体内不断蓄积而富集，使其在生物体内的浓度大大超过水环境中的浓度，称为生物富集。

水生生物对水环境中的污染物除直接吸收进行生物富集外，还可通过食物链逐级积累富集，称为生物放大。如浮游植物→浮游动物→贝、虾、小鱼→大鱼，逐级富集。经过调查计算，如果海水中含0.0001mg/L的重金属Hg，海水中生长的浮游生物可富集至0.001～0.002mg/L，小鱼摄食浮游生物后，其体内的含汞量可达1～5mg/L。

由此可见，有些毒物经食物链生物放大之后，水生生物体内毒物含量可比海水高几万至几十万倍。DDT进入生物体内，通过食物链，生物富集尤为明显，见表1-1。

表1-1 生物富集示例

食物链	水	浮游生物	小鱼	大鱼	食鱼鸟
DDT/(mg·L^{-1})	0.00003	0.04	0.5	2.02	5.0
生物富集系数（$\times10^4$）		0.13	1.7	6.7	16.7

1.4 河湖污染的特点

我国河流污染以有机污染为主，主要污染物是NH_3—N、BOD、COD_{Mn}和挥发酚等；湖泊以富营养化为特征，主要污染指标为TP、TN、COD和COD_{Mn}等；近岸海域主要污染指标为无机氮、活性磷酸盐和重金属。这些因素决定了我国水环境问题具有影响范围广、危害严重、治理难度大等特点。

1.4.1 河流污染的特点

1. 污染程度随径流变化

河流径污比（径流量与排入河中污水量的比值）的大小决定了河流的污染程度。通常，如果河流的径污比大，稀释能力就强，河流受污染的可能性和污染积蓄就小，反之亦然。河流的径流随季节变化，污染程度也相应地变化。

2. 污染影响范围广

随着河水的流动，污染物质随之扩散，故上游受污染很快就影响到下游。河流污染影响范围不仅限于污染的发生源，还可殃及下游，甚至可以影响海洋。正因为河流稀释能力比其他水体大，复氧能力也强，有些人就把河流作为废水的天然处理场所，任意向河流中排放废水。但是，河水的稀释能力是有限度的，超过这个限度，河流就会遭受污染，并且影响范围甚广。如2013年发生在杭州市的特大环境污染案，正是由于在钱塘江上游非法倾倒邻叔丁基苯酚废水，致使钱塘江下游取水口受到严重影响，市政自来水出现异味。

3. 污染修复困难

河水交换较快，自净能力较强，水体范围相对集中，因此其污染较易控制。但是，河流一旦被污染，要恢复到原有的清洁程度，往往要花费大量的资金和较长的治理时间。如1986年位于瑞士巴塞尔市的桑多斯化工厂仓库发生火灾，导致1250t剧毒物流入莱茵河中，构成了70km的污染带，对莱茵河的生态系统造成了严重破坏。为此，意大利、奥地利、列支敦士登、瑞士、法国、卢森堡、德国、比利时、荷兰等9个国家通过《莱茵河行动纲领》协调莱茵河的治理和保护工作，并且花费了近20年的时间才将莱茵河的生态恢复到污染之前的水平。

1.4.2 湖泊污染的特点

1. 湖泊（水库）污染来源广、途径多、污染物种类复杂

上游和湖区的入湖河道可以携带其流经地区厂矿的各种工业废水和生活污水入湖；湖周农田土壤中的化肥、残留农药及代谢产物和其他污染物质可通过农田尾水和地表径流的形式进入湖泊；尤其是养殖过程中产生的各种有机污染物（抗生素、肥料等）致湖中生物（水草、鱼类、藻类和底栖动物）死亡后，经微生物分解，其残留物也可污染湖泊。几乎湖泊流域环境中的一切污染物质都可以通过各种途径最终进入湖泊，故湖泊较之河流来说，污染来源更广，成分更复杂。

2. 湖泊（水库）稀释和搬运污染物质的能力弱

湖泊由于水域广阔、储水量大、流速缓慢，故污染物质进入后，不易迅速地达到充分混合和稀释，相反却易沉入湖底蓄积，并且也难以通过湖流的搬运作用向河道的下游输送。即使在汛期，湖泊由于滞洪作用，洪水进入湖泊后流速迅速减慢，稀释和搬运能力均远不如河流。此外，流动缓慢的水体复氧作用降低，使湖水对有机物质的净化能力减弱。

3. 湖泊（水库）中的污染物会使更多的物种遭受污染

有些水生生物可吸收富集Cu、Fe、Ca、Si、I等元素，比水体中的浓度可大数百倍、数千倍，甚至数万倍，还有的污染物经转化成为毒性更强的物质，例如无机汞可被生物转化成有机化的甲基汞，并在食物链中传递浓缩，使污染程度加重，严重危害人类的身体健康。

第2章 水环境监测

2.1 水环境监测概述

2.1.1 水环境监测目的

水环境监测的对象可分为两类，分别是环境水体监测和水污染源监测。环境水体包括地表水和地下水，其中流过或汇集在地球表面上的水，如海洋、河流、湖泊、水库、沟渠中的水统称为地表水；埋藏于地面以下岩石孔隙、裂隙、溶隙饱和层中，在重力作用下能自由运动的水称为地下水。水污染源包括工业废水、生活污水、医院污水等，之所以要对这些水体进行监测，主要目的有以下方面：

（1）对进入江、河、湖泊、水库等地表水体和渗透到地下水中的污染物质进行经常性监测，可以掌握水质现状及其发展变化趋势。

（2）对生产过程、生活设施及其他排放源排放的废（污）水进行经常性监测，掌握废（污）水排放量及其污染物浓度和总量，评价是否符合排放标准，可以为污染源管理和排污收费提供依据。

（3）对水环境污染事故进行应急监测，可以为分析判断事故原因、危害及采取对策提供依据。

（4）对环境污染纠纷进行仲裁监测，可以为判断纠纷原因提供科学依据。

（5）水环境监测可以为国家政府部门制定水环境保护标准、法规和规划，为全面开展环境保护管理工作提供有关数据和资料。

（6）为开展水环境质量评价和预测及进行环境科学研究提供基础数据和技术手段。

2.1.2 水环境监测项目

水环境监测项目需要根据水体受污染情况、水体功能、废（污）水的污染物组分及其他客观条件等因素确定。在科学技术和社会经济不断发展的今天，人类物质生活得到极大丰富，生产和生活中使用的化学物质品种不断增加，导致进入水体的污染物种类繁多且多为微量、痕量级别，需要通过一定的技术手段才能检测。为控制和解决这些问题，我国各类水质标准（或技术规范）对水环境监测项目提出了相应的要求和规范。

1. 地表水监测项目

地表水监测项目分为常规项目和非常规项目。表 2-1 列出了不同地表水监测所需的常规项目和非常规项目。河流、湖泊和集中式饮用水源地的水质监测在常规项目上差别不大。湖（库）由于易受富营养化威胁，叶绿素和透明度作为常规监测项目。而集中式饮用水水源地的常规监测项目中增加了硝酸盐氮、硬度、电导率、Fe、Al、Mn 等可能影响供水水质的监测项目。此外，集中式饮用水水源地的非常规项目也要明显多于河流、湖泊和水库，增加了可能对人体健康产生危害的有毒有害物质，如敌敌畏、阿特拉津、多氯联苯等监测。由于监测项目众多，当有的项目监测结果低于检测限值，并确认没有新的污染源增加时，可减少监测频次。总体而言，地表水监测项目应符合以下规定：

（1）国家重点水质监测站和一般水质监测站的监测项目应符合常规项目要求；潮汐河流常规项目还应增测盐度和氯化物等；国家重点水质监测站应增测非常规项目；一般水质监测站可参照执行。

（2）集中式饮用水水源地监测项目应符合常规项目要求，还应根据当地水质特征增测非常规项目。

（3）其他水功能区监测项目应符合常规项目要求，还应根据排入水功能区的主要污染物质种类增加其他监测项目。

（4）受水利工程控制或影响的水域，监测项目除应符合常规项目要求外，还应根据工程类型、规模、影响因素与范围等增加其他监测项目。泄洪期间应增测气体过饱和等监测项目。

（5）专用水质监测站监测项目可根据设站目的和要求，参照常规项目和非常规项目确定。

表 2-1 地表水监测项目

类型	常规项目	非常规项目
河流	水温、pH 值、DO、COD_{Mn}、COD_{Cr}、BOD_5、NH_3—N、TP、TN、Cu、Zn、氟化物、Se、As、Hg、Cd、六价铬、Pb、氰化物、挥发酚、石油类、阴离子表面活性剂、硫化物、粪大肠菌群	矿化度、总硬度、电导率、SS、硝酸盐氮、硫酸盐、氯化物、碳酸盐、重碳酸盐、TOC、K、Na、Ca、Mg、Fe、Mn、Ni。其他项目可根据水功能区和入河排污口的管理需要确定
湖（库）	水温、pH 值、DO、COD_{Mn}、COD_{Cr}、BOD_5、NH_3—N、TP、TN、Cu、Zn、氟化物、Se、As、Hg、Cd、六价铬、Pb、氰化物、挥发酚、石油类、阴离子表面活性剂、硫化物、粪大肠菌群、Cl^-、叶绿素、透明度	矿化度、总硬度、电导率、SS、硝酸盐氮、硫酸盐、碳酸盐、重碳酸盐、TOC、K、Na、Ca、Mg、Fe、Mn、Ni。其他项目可根据水功能区和入河排污口管理需要确定
集中式饮用水水源地	水温、pH 值、DO、COD_{Mn}、COD_{Cr}、BOD_5、NH_3—N、TP、TN、Cu、Zn、氟化物、Se、As、Hg、Cd、六价铬、Pb、氰化物、挥发酚、石油类、阴离子表面活性剂、硫化物、粪大肠菌群、Cl^-、硫酸盐、硝酸盐氮、总硬度、电导率、Fe、Mn、Al	三氯甲烷、四氯化碳、三溴甲烷、二氯甲烷、1，2-二氯乙烷、环氧氯丙烷、氯乙烯、1，1-二氯乙烯、1，2-二氯乙烯、三氯乙烯、四氯乙烯、氯丁二烯、六氯丁二烯、苯乙烯、甲醛、乙醛、丙烯醛、三氯乙醛、苯、甲苯、乙苯、二甲苯、异丙苯、氯苯、1，2-二氯苯、1，4-二氯苯、三氯苯、四氯苯、六氯苯、硝基苯、二硝基苯、2，4-二硝基甲苯、2，4，6-三硝基甲苯、硝基氯苯、2，4-二硝基氯苯、2，4-二氯酚、2，4，6-三氯酚、五氯酚、苯胺、联苯胺、丙烯酰胺、丙烯腈、邻苯二甲酸二丁酯、邻苯二甲酸二（2-乙基己基）酯、水合肼、四乙基铅、吡啶、松节油、苦味酸、丁基黄原酸、活性氯、DDT、林丹、环氧七氯、对硫磷、甲基对硫磷、马拉硫磷、乐果、敌敌畏、敌百虫、内吸磷、百菌清、甲萘威、溴氰菊酯、阿特拉津、苯并（a）芘、甲基汞、多氯联苯、微囊藻毒素-LR、黄磷、Pb、Co、Be、B、Sb、Ni、Ba、V、Ti、Tl

注：1. 二甲苯指邻二甲苯、间二甲苯和对二甲苯。
2. 三氯苯指 1，2，3-三氯苯、1，2，4-三氯苯和 1，3，5-三氯苯。
3. 四氯苯指 1，2，3，4-四氯苯、1，2，3，5-四氯苯和 1，2，4，5-四氯苯。
4. 二硝基苯指邻二硝基苯、间二硝基苯和对二硝基苯。
5. 多氯联苯指 PCB-1016、PCB-1221、PCB-1232、PCB-1242、PCB-1248、PCB-1254 和 PCB-1260。

2. 地下水监测项目

地下水水质监测项目同样分为常规项目和非常规项目两类。常规项目包括 pH 值、总硬度、溶解性总固体、K、Na、Ca、Mg、硝酸盐、硫酸盐、氯化物、重碳酸盐、亚硝酸盐、氟化物、NH_3—N、COD_{Mn}、挥发酚、氰化物、As、

Hg、Cd、六价铬、Pb、Fe、Mn、总大肠菌群。因为地下水在我国北方地区是重要的饮用水水源，所以与地表水监测的常规项目相比，对地下水的监测更关注影响水质硬度的K、Ca、Na、Mg等金属离子，以及对人体健康有较大影响的硝酸盐。除此之外，色、嗅和味、浑浊度、肉眼可见物、Cu、Zn、Mo、Co、阴离子合成洗涤剂、电导率、溴化物、碘化物、亚硝胺、Se、Be、Ba、Ni、六六六、DDT、细菌总数、总α放射性、总β放射性等是地下水监测的非常规项目。可以根据当地的地下水深度、岩层属性、污染程度进行选择。总体而言，地下水监测项目应符合以下要求：

（1）国家重点监测井和一般监测井应符合常规项目要求。地球化学背景高的地区和地下水污染严重区的控制监测井，应根据主要污染物增加有关监测项目。

（2）生活饮用水水源监测井的监测项目，应符合常规项目要求，并根据实际情况增加反映本地区水质特征的其他有关监测项目。

（3）水源性地方病流行地区应另增加I、Mo、Se、亚硝胺以及其他有机物、微量元素和重金属等监测项目。

（4）沿海地区和北方盐碱区应另增加电导率、溴化物和碘化物等监测项目。

（5）农村地下水可选测有机氯、有机磷农药等监测项目。有机污染严重区域应增加苯系物、烃类等挥发性有机物监测项目。

（6）进行地下水化学类型分类，应测定Ca^{2+}、Mg^{2+}、Na^{+}、K^{+}以及氯化物、硫酸盐、重碳酸盐、硝酸盐等天然化学项目。

（7）用于锅炉或冷却等工业用途的，应增加侵蚀性CO_2、磷酸盐等监测项目。

（8）矿泉水水源调查应增加反映矿泉水特征和质量的监测项目。

2.1.3 水环境监测分析方法

近年来，随着环境分析技术的不断发展，各种污染物的监测越来越精准化、自动化，不仅提高了监测精度、简化了操作流程，还缩短了监测时间、提高了监测效率。水环境监测的目标对象可分为无机污染物和有机污染物两种。

1. 测定无机污染物的监测分析方法

（1）化学分析法。化学分析法包括重量法、容量法等。

（2）原子吸收光谱法。原子吸收光谱法分为冷原子吸收光谱法、火焰原子吸收光谱法和石墨炉原子吸收光谱法，可测定多种微量、痕量金属元素。

（3）分光光度法。分光光度法包括紫外、可见和红外分光光度法（红外光谱法），可测定多种金属和非金属离子或化合物，在常规监测中仍具有较大的比例。其中，有些测定项目引进了流动注射技术，实现了自动监测。

（4）电感耦合等离子体原子发射光谱（ICP－AES）法。该方法近年来发展很快，已用于各种水体及底质、生物样品中多种元素的同时测定。一次进样，可同时测定 10～30 种元素。

（5）电化学法。电化学法包括电位分析法、近代的极谱分析法和库仑滴定法，在常规监测中也占一定比例，并用于水质连续自动监测系统。

（6）离子色谱法。离子色谱法是一种将分离和测定结合于一体的分析技术，一次进样可连续测定多种离子。

（7）其他方法。原子荧光光谱法、气相分子吸收光谱法、电感耦合等离子体－质谱（ICP－MS）法等在无机污染物监测分析中也有一定应用，特别是 ICP－MS 法，其灵敏度比 ICP－AES 法高 2～3 个数量级，适用于痕量、超痕量有害元素的测定。

2. 测定有机污染物的监测分析方法

（1）气相色谱（GC）法和高效液相色谱（HPLC）法。它们是分离分析多种有机污染物的有力工具，已得到广泛应用。其中，高效液相色谱法适宜测定热稳定性差和挥发性差、相对分子质量大的有机污染物，弥补了气相色谱法的不足。

（2）气相色谱—质谱（GC－MS）法。该方法把具有高分离效率的色谱仪与具有准确鉴定和定量测定能力的质谱仪结合于一体，可以对复杂环境样品中的微量组分进行定性和定量分析。

（3）其他方法。在常规监测中，如有机污染物类别测定、好氧有机物测定、石油类测定等，化学分析法、分光光度法、荧光光谱法、非色散红外吸收法等也有一定应用。

水环境监测的在线化、网络化、智能化是今后的发展方向，越来越多的水质监测项目实现在线化监测，使得基于云端的大流域水环境监测平台的建立成为了可能。未来，在 5G 网络的加持下，水环境监测网络将得到大幅度优化，不

仅可以提高监测精度，还可以减少监测站点的布设。

2.2 水质监测布点

水环境监测的核心是水质的监测，而有效的水质监测离不开监测点的选取。一般来说，监测点布置越多，监测的结果应越接近实际值；但由于水质监测需要大量的人力物力，所以监测点过多反而会影响整体的监测质量。因此，监测点的选取至关重要。合理的布点要求如下：

（1）监测点能采集到有代表性的、全面的水质信息。

（2）在保证必要的精度和统计学样本的基础上，布点个数应尽量少。

（3）保证设备的可靠性和数据的正确性。

2.2.1 地表水水质监测布点

监测断面是指为反映水系或所在区域的水环境质量状况而设置的监测位置。监测断面要以最少的设置尽可能获取足够的、有代表性的环境信息；其具体位置要能反映所在区域环境的污染特征，同时还要考虑实际采样时的可行性和方便性。流经省、自治区和直辖市的主要河流干流以及一级、二级支流的交界断面是环境保护管理的重点断面。针对河流、湖泊和水库，监测断面的布设存在较大差异。

1. 河流

河流是地球水文循环的重要路径，其空间跨度大、流动性强等特点使得河流的水质线性变化明显。因此，为评价完整江、河体系的水质，需要设置背景断面、对照断面、控制断面和削减断面；对于某一河段，则只需设置对照、控制和削减三种断面。背景断面是为评价某一完整水系的污染程度，未受人类生活和生产活动影响，能够提供水环境背景值的断面。对照断面是为了解流入监测河段前的水体水质状况而设置的断面。这种断面应设在河流进入城市或工业区以前的地方，避开各种废水、污水流入或回流处。一个河段一般只设一个对照断面。有主要支流时可酌情增加。控制断面是为了了解水环境污染程度及其变化情况，评价监测河段两岸污染源对水体水质影响而设置的断面。控制断面的数目应根据城市的工业布局和排污口分布情况而定，设在排污区（口）下游污水与河水基本混匀处。在流经特殊要求地区（如饮用水水源地、风景游览区等）的河段上也应设置控制断面。削减断面是为了了解工业废水或生活污水在水体内流经一定距离而达到最大程度混合，污染物受到稀释、降解，其主要污染物浓度有明显降低而设置的断面。

河流监测断面布设原则如下：

（1）河流或水系背景断面布设在上游接近河流源头处，或未受人类活动明显影响的上游河段。

（2）干、支流流经城市或工业聚集区河段上、下游处分别布设对照断面和削减断面；污染严重的河段，根据排污口分布及排污状况布设若干控制断面，控制排污量不得小于本河段入河排污总量的 80%。

（3）河段内有较大支流汇入时，在汇入点的支流上游及充分混合后的干流下游处分别布设监测断面。

（4）出入国境河段或水域在出入境处布设监测断面，重要省际河流等水环境敏感水域在行政区界处布设监测断面。

（5）水文地质或地球化学异常河段，在上、下游分别布设监测断面。

（6）水生生物保护区以及水源型地方病发病区、水土流失严重区布设对照断面和控制断面。

（7）城镇饮用水水源在取水口及其上游 1000m 处分别布设监测断面。在饮用水水源保护区以外如有排污口时，应视其影响范围与程度增设监测断面。潮汐河段或其他水质变化复杂的河段，在取水口和取水口上、下游 1000m 处分别布设监测断面。

（8）水网地区按常年主导流向布设控制断面；有多条分支时，按累加总径流量不小于 80%布设若干个控制断面。

2. 湖（库）

湖（库）属于缓流水体，且空间跨度一般较小，与河流的差异较大。因此，针对湖（库），监测断面的布设需要遵循以下原则：

（1）在湖（库）出入口、中心区、滞留区、近坝区等水域分别布设监测断面。

（2）湖（库）水质无明显差异，采用网格法均匀布设，网格大小依据湖（库）的重要供水水源取水口，以取水口处为圆心，按扇形法在 100～1000m 范

围布设若干弧形监测断面或垂线。

(3) 河道型水库，应在水库上游、中游、近坝区及库尾与主要库湾回水区分别布设监测断面。

(4) 湖（库）的监测断面布设与附近水流方向垂直；流速较小或无法判断水流方向时，以常年主导流向布设监测断面。

3. 采样点的确定

监测断面设置后根据水面宽度确定断面上的采样垂线，再根据采样垂线的深度确定采样点的数目和位置。

河流监测垂线上采样点的布设，当水面宽小于50m时，只设1条中泓垂线；当水面宽50～100m时，在左右近岸有明显水流处各设1条垂线；当水面宽100～1000m时，设左、中、右3条垂线（中泓、左、右近岸有明显水流处）；当水面宽大于1500m时，至少要设置5条等距离采样垂线，较宽的河口应酌情增加。

在一条垂线上，当水深不足0.5m时，在1/2水深处设1个采样点；水深0.5～5m时，只在水面下0.5m处设1个采样点；水深5～10m时，在水面下0.5m处和河底以上0.5m处各设1个采样点；水深大于10m时，设3个采样点，即水面下0.5m处、河底以上0.5m处及水深1/2处各设1个采样点。

湖（库）监测垂线上采样点的布设与河流相同，但如果存在温度分层现象，应先测定不同水深处的水温、DO等参数，确定分层情况后，再决定监测垂线上采样点的位置和数目，一般除在水面下0.5m处和水底以上0.5m处设采样点外，还要在每个斜温层1/2处设采样点。

4. 采样时间和采样频率

(1) 饮用水水源地、省（自治区、直辖市、特别行政区）交界断面中需要重点控制的监测断面，每月至少采样监测1次，采样时间根据具体情况选定。

(2) 较大的水系、河流、湖（库）的监测断面，每逢单月采样监测1次，全年6次。采样时间为丰水期、枯水期和平水期，每期采样2次。水体污染比较严重时，酌情增加采样监测次数。底质每年在枯水期采样监测1次。

(3) 受潮汐影响的监测断面分别在大潮汐、小潮汐进行监测采样。每次采集涨潮、退潮水样分别监测，涨潮水样应在断面处水面涨平时采样，退潮水样应在水面退平时采集。

(4) 属于国家监控的断面（或垂线），每月采样监测1次，在每月5—10日

进行。

(5) 对于必测项目，如果连续三年均未检出，且在断面附近确无新增污染源，而现有污染源排污量未增加，则可每年采样监测 1 次；一旦检出，或在断面附近有新增污染源，或现有污染源新增排污量时，立即恢复正常采样监测。

(6) 水系背景断面每年采样监测 1 次，在污染可能较重的季节进行。

2.2.2 地下水水质监测布点

地下水水质监测是水环境监测工作的一部分。由于地下水埋藏在地下，其采样监测依赖于监测井，因此在监测布点时受到的限制更多，监测井的合理布设显得尤为重要。地下水具有流动性，因此污染物在地下水中也会发生运移。在地下水监测过程中，应结合水文地质条件和地下水污染状况设置背景值监测井和污染控制监测井。

1. 地下水监测井布设原则

(1) 以地下水类型区和开采强度分区为基础，并根据监测目的和精度要求合理布设各类监测井。

(2) 以平原区和浅层地下水为重点，平面上点、线、面相结合布设各类监测井，垂向上分层布设各类监测点。

(3) 以特殊类型区地下水监测为重点，兼顾基本类型区地下水监测。

(4) 与地下水功能区管理相结合，重点监测地下水开采层或供水层。

(5) 与地下水水文监测井相结合，并优先选用符合监测条件的民井或生产井。

(6) 监测井密度：主要供水区密，一般地区稀；污染严重区密，非污染区稀。

2. 采样点的确定

地下水一般呈分层流动，进入地下水的污染物、渗滤液等既可沿垂直方向运动也可沿水平方向运动；同时各层地下水之间也会发生串流现象。因此，布点时不但要掌握污染源分布、类型和污染物扩散条件，还要弄清地下水的分层和流向等情况。通常布设两类采样点，即背景值监测井和污染控制监测井。监测井可以是新打的，也可以利用已有的水井。

背景值监测井布设在监测区域未受污染的地段、地下水水流的上方，垂直

于水流方向。

污染控制监测井布设在污染源周围不同位置，特别是地下水流向的方向。渗坑、渗井和固体废物堆放区的污染物，在含水层渗透性较大的地方易造成条带状污染，此时可沿地下水流向及其垂直方向分别布设监测井；在含水层渗透性小的地方易造成点状污染，监测井宜设在近污染源处。污灌区和缺乏卫生设施的居民区，生活污水易对周围环境造成大面积垂直块状污染，监测井应以平行和垂直于地下水流向的方式布设。地下水下降的漏斗区，应在漏斗中心布设监测井，必要时穿过漏斗中心按十字形或放射状向外围布设监测井。在代表性泉、自流井、地下长河的出口布设监测井。

3. 采样时间和采样频率

背景值监测井和区域性控制的空隙承压水井每年枯水期采样监测 1 次。污染控制监测井每逢单月采样监测 1 次，全年 6 次；当某一监测项目连续两年均低于控制标准值的 1/5，且在监测井附近无新增污染源，而现有污染源排污量未增加的情况下，每年可在枯水期采样监测 1 次；一旦检测结果大于控制标准值的 1/5，或在监测井附近增加新污染源，或现有污染源增加排污量时，即恢复原采样频率。作为生活饮用水集中供水的地下水监测井，每月检测 1 次。同一水文地质单元的监测井采样时间尽量集中，日期跨度不宜过大。遇特殊情况或发生污染事故，可能影响地下水水质时，应随时增加采样监测次数。

2.3 水样的采集和保存

2.3.1 地表水的采样

采样前，要根据监测项目的性质和采样方法的要求，选择适宜材料的盛水容器和采样器，并清洗干净。此外，还需准备好交通工具（常用船只），确定采样量。

在河流、湖泊、水库、海洋中采样，常乘监测船或采样船、手划船等交通工具到采样点采集，也可涉水或在桥上采集。

采集表层水水样时，可用适当的容器，如聚乙烯塑料桶等直接采集。

采集深层水水样时，可用简易采水器、深层采水器、采水泵、自动采水器等。

2.3.2 地下水的采样

1. 井水

从监测井中采集水样常利用抽水机。启动后，先放水数分钟，将积存在管道中的陈旧水排出，然后用采样容器接取水样。对于无抽水机设备的水井，可用简易采水器、自动采水器等。采样深度应在地下水水位 0.5m 以下，一般采集瞬时水样。

2. 泉水、自来水

对于自喷泉水，在涌水口处出水水流的中心采样。对于不自喷泉水，用采集井水水样的方法采集。

对于自来水，先将水龙头完全打开，将积存在管道中的陈旧水排出后再采样。

2.3.3 水样的保存

各类型的水样，从采集到分析测定这段时间内，由于环境条件的改变，微生物新陈代谢活动和化学作用的影响，会引起水样某些物理参数及化学组分的变化，应根据不同测定项目的要求采取适宜的保存措施。不同测定项目的水样保存方法和保存期见表 2－2。

表 2－2　不同测定项目的水样保存方法和保存期

测定项目	容器材质	保存方法	保存期	备注
浊度	P 或 G	4℃，暗处	24h	尽量现场测定
色度	P 或 G	4℃	48h	
pH 值	P 或 G	4℃	12h	尽量现场测定
电导率	P 或 G	4℃	24h	尽量现场测定
SS	P 或 G	4℃，暗处	7d	
COD_{Mn}	G	4℃，加 H_2SO_4 至 pH 值小于 2	48h	
COD_{Cr}	G	4℃，加 H_2SO_4 至 pH 值小于 2	48h	
BOD_5	G	4℃	$<24h$	
DO	G	4℃，暗处	24h	尽量现场测定
TOC	G	4℃，加 H_2SO_4 至 pH 值小于 2	7d	
氰化物	P	4℃，暗处	14d	

续表

测定项目	容器材质	保存方法	保存期	备注
氯化物	P或G	4℃，暗处	30d	
硫化物	P或G	加 NaOH 和 $ZnAc_2$ 溶液固定	24h	
TP	P或G	加 H_2SO_4 至 pH 值小于 2	24h	
NH_3—N	P或G	4℃，加 H_2SO_4 至 pH 值小于 2	24h	
亚硝酸盐	P或G	4℃，暗处	24h	尽快测定
硝酸盐	P或G	4℃，暗处	24h	
TN	P或G	4℃，加 H_2SO_4 至 pH 值小于 2	24h	
Cu、Zn、Pb、Cd	P或G	加 HNO_3 至 pH 值小于 2	14d	
六价铬	P或G	加 NaOH 至 pH 值为 8～9	24h	尽快测定
挥发性有机物	G	4℃，暗处，加 HCl 至 pH 值小于 2	24h	
阴离子表面活性剂	P或G	4℃，暗处	24h	

注：P 为有机玻璃容器，G 为玻璃容器。

1. 冷藏保存法

冷藏保存法是指利用低温抑制微生物活动，减缓物理挥发和化学反应速率，是一种短期保存样品的较好方法，对测定基本无影响。但需要注意冷藏保存不能超过规定的保存期限，冷藏温度必须控制在 4℃左右。因为水样结冰后体积膨胀，可能使玻璃容器破裂，样品受玷污。

2. 化学试剂保存法

（1）调节 pH 值。测定金属离子的水样常用 HNO_3 溶液酸化至 pH 值为 1～2，既可防止重金属离子水解沉淀，又可避免金属被器壁吸附；测定氰化物或挥发酚的水样中加入 NaOH 溶液调至 pH 值为 12，使之生成稳定的酚盐等。

（2）加入生物抑制剂。如在测定 NH_3—N、硝酸盐氮、COD 的水样中加入 $HgCl_2$，可抑制生物的氧化还原作用；对测定酚的水样，用 H_3PO_4 调至 pH 值为 4，加入适量 $CuSO_4$，即可抑制苯酚菌的分解活动。

（3）加入氧化剂或还原剂。如测定 Hg 的水样需要加入 HNO_3（至 pH 值小于 1）和 $K_2Cr_2O_7$（0.5g/L），使 Hg 保持高价态；测定硫化物的水样，加入抗坏血酸，可以防止硫化物被氧化；测定 DO 的水样则需加入少量 $MnSO_4$ 溶液和 KI 溶液固定（还原）溶解氧等。

使用化学试剂保存法时，样品保存剂如酸、碱或其他试剂，在采样前均应进行空白试验，试剂纯度和等级必须达到分析的要求，以免干扰水样的测定。

2.4 水质指标及水质标准

水质是水体质量的简称，它是水与其所含杂质共同表现出来的物理学、化学和生物学的综合特性。水质指标则反映了水中杂质的种类、成分和数量，是判断水质的具体衡量标准。

2.4.1 水质指标分类

水质指标一般分为物理性指标、化学性指标和生物性指标三大类。

(1) 物理性指标，包括：①感官物理性指标，如温度、颜色和色度、嗅与味、浑浊度、透明度等；②其他的物理性指标，如总固体、悬浮固体、溶解固体、可沉固体、电导率等。

(2) 化学性指标，包括：①一般的化学性水质指标，如pH值、碱度、硬度、各种阳离子和阴离子、总含盐量、一般有机物质等；②有毒的化学性水质指标，如重金属、氰化物、多环芳烃、各种农药等；③氧平衡水质指标，如DO、COD、BOD、TOC等；④营养元素指标，如NH_3—N、硝酸盐氮、亚硝酸盐氮、有机氮、TN、可溶解性磷、TP、Si等。

(3) 生物性指标，包括细菌总数、总大肠菌群数、各种病原细菌、病毒等。

2.4.2 常用水质指标

在水污染防治工作中，最常用的水质指标有以下10种。

1. 水温

可用温度计测定，水温主要受大气温度和地球内部热源的影响，局部地区的水温也常受人为因素影响。

水温升高会使水中生物的活性增加，水体DO减少。但是当水温超过一定界限时，会出现热污染，危及水生生物生存。《地表水环境质量标准》(GB 3838—2002) 规定：人为造成的环境水温变化应限制在夏季周平均最大温升不大于1℃，冬季周平均温升不大于2℃。

2. 色度与透明度

色度是水色的定量指标，它是用把除去悬浮物后的水样和一系列不同色度的标准溶液进行比较测定，单位为度。

纯净的水当水层浅时呈无色状态，深时呈浅蓝色；含有污染物质的水体，水色随污染物质的不同而变化。天然水呈现各种颜色，是由于自然环境中的有机物分解过程和所含无机物造成的。当水中腐殖质过多时水呈棕黄色，黏土使水呈黄色，铁的氧化物使水呈黄褐色，Ca^{2+}、Mg^{2+}较多使水呈蓝色，H_2S则使水呈翠绿色。当水中的藻类大量生长时，水体也可呈现不同颜色，如水球藻、硅藻、蓝绿藻分别会使水呈绿色、棕绿色和绿宝石色。当水体受工业废水污染时，可呈现该废水的特有颜色。我国《生活饮用水卫生标准》(GB 5749—2006)规定，水的色度不超过15度。

水的透明程度由透明度表示，纯水是透明的。水的透明度受水中含有盐类、悬浮物质、有机物质、胶体物质和水中生物等物质种类和数量大小制约。水按照其透明程度可分为四级，见表2-3。

表2-3　水体透明度分级表

分级	鉴别特征
透明	无悬浮物和胶体，水深60cm时可见3mm的粗线
微浊	有少量悬浮物，水深大于30cm而小于60cm时，可见到3mm的粗线
浑浊	有较多悬浮物，半透明，水深小于30cm可见3mm的粗线
极浊	有大量悬浮物和胶体，似乳状，水深很浅也不能清楚地看到3mm的粗线

3. 臭与味

纯水是无臭无味的。当水中溶解了不同物质时，会产生不同的味道，如含有H_2S气体的水体有臭鸡蛋味，含有氯化钠的水体有咸味，含有氯化镁或硫酸镁时有苦味。根据人的嗅觉，可将臭味的强度分为无臭、极微弱、弱、明显、强和极强6个强度等级，通常根据经验判断，见表2-4。

表2-4　水体臭味强度分级表

强度等级	程　度	程　度
0	无臭	无气味
1	极微弱	勉强能感觉气味
2	弱	气味很弱但能分辨其性质
3	明显	很容易感觉到气味
4	强	强烈的气味
5	极强	无法忍受的极强气味

4. pH 值

pH 值是检测水体受酸碱污染程度的一个重要指标值，它能反映出水的最基本性质，如水质变化、生物繁殖消长、水的腐蚀性、水处理效果等。

水中含有多种盐类、游离 CO_2 和少量的矿物质等，根据所含这些物质的比例，水呈酸性、中性或碱性。但是，由于物理化学或生物作用，这些物质的比例发生变化时，氢离子的浓度也会相应变化。一般 pH 值受 CO_2 支配，由 CO_2 和碳酸盐的比例来决定 pH 值，大气中的 SO_2、NO、NO_2 等也会影响水体的 pH 值。

从理论上说，pH<7 的水溶液为酸性，pH=7 的水溶液为中性，pH>7 的水溶液为碱性。酸碱性程度与 pH 值的关系见表 2-5。

表 2-5　酸碱性程度与 pH 值关系

酸碱性程度	强酸性	弱酸性	中性	弱碱性	强碱性
pH	<5	5～7	7	7～9	>9

天然水体的 pH 值取决于水体所在环境的物理、化学和生物特性，一般 pH 值为 6～9。生活污水一般呈弱碱性，pH 值一般为 7～7.2。有些工业废水呈强酸性或强碱性，因此将此类工业废水排放到水体中会对水体的酸碱性产生较大影响。如排放酸性废液的工业种类有化学药品（硫酸、盐酸）、电镀、钢铁工业、亚硫酸纸浆、硫化物矿山等；排放碱性废液的工业种类有化学药品（苛性钠、石灰等），纺织品加工等。

我国《生活饮用水卫生标准》（GB 5749—2006）规定水的 pH 值限值为 6.5～8.5，《地表水环境质量标准》（GB 3838—2002）的基本项目标准规定 pH 值限值为 6～9。《农田灌溉用水水质标准》（GB 5084—2005）的 pH 值限值为 5.5～8.5，如果 pH 值过低，影响根系发育，如果碱性大，植物缺铁，叶子呈黄色现象。

5. DO

溶解氧是指以氧分子形式溶解在水中，常用 DO 表示。DO 是水体水质优劣的一个重要指标，也是衡量水体自净能力的一个重要指标，可用浓度表示，还可以用相对单位——饱和度表示，即

$$溶解氧饱和度=\frac{实际溶解氧含量}{饱和溶解氧含量}\times 100\%$$

DO的含量与水温、氧分压、含盐量、水深、水生生物的活动和好氧有机物浓度等有关。在氧分压、含盐量一定时，DO的饱和含量随着水温的升高而降低，见表2-6。在水温、氧分压一定时，水的含盐量越高，水中DO的饱和含盐量比淡水的含盐量高得多，在相同条件下，DO在海水中的饱和含量比在淡水中低得多。在水温和含盐量一定时，水中DO的饱和含量跟随液面上氧分压的增大而增大。水面上的氧分压大小与水面上的大气压强有关。随着海拔的增高，大气压强逐渐降低，所以对于地处高原区域的天然水，DO的饱和含量相对较低。

表2-6 一个大气压下不同水温时的DO饱和含量

水温/℃	0	5	10	15	20	25	30	35
DO/(mg·L^{-1})	14.64	12.74	11.26	10.08	9.08	8.25	7.56	6.95

水中的DO供给主要有大气复氧和水中植物的光合作用两个来源，而消耗主要是有机物氧化、生物的呼吸和氮化合物的消化等。天然水中的DO含量与水资源类型密切相关，其中地下水因不接触大气，DO含量很低，而河流地表水可以从大气溶解来的DO量很多，贫营养湖泊一年时间可以达到全层饱和，富营养化湖泊在停滞期表水层达到饱和或过饱和，而深水层则缺乏。

当水中DO过多时，适于微生物生长，水体自净能力强；反之，当水中缺少DO时，厌氧细菌繁殖，水体发臭。对于水源水而言，DO的减少会妨碍生物净化的机能，并溶解析出Fe和Mn。在污水处理方面，当采用好氧处理工艺时，DO的减少会阻碍微生物的发育，使净化机能恶化。在公共水域，DO过低，会使污染更显著，水体恶臭，鱼类浮头甚至死亡。在较清洁河流中，DO一般在7.5mg/L以上，当DO在5mg/L以上时有利于浮游生物生长；当DO低于3mg/L时不足以维持鱼群的良好生长。在农业用水中，DO过低会妨碍植物根系的生长，使新根的生长变坏。

6. BOD

BOD表示在DO存在的条件下，好氧微生物以水中有机物为营养源，在繁殖、呼吸时所消耗的氧量，用mg/L表示。BOD测定的对象物质有糖类、脂肪类、蛋白质类等天然物质，也有人工合成的有机化合物，其中包括以碳为主的直链状物质和一部分环状化合物等，以及NH_3—N和亚硝酸氮。通常BOD越高，表示水中有机物含量越多。水中有机污染物越多，BOD就越高，即水中

DO 就越少，水质状况越差。

水中各种有机物完全经过生物氧化分解的过程需要很长时间。因此，实际工作中，通常是用被监测的水体，在 20℃条件下经过 5 天后减少的 DO 量来表示 BOD，即 BOD_5。

BOD_5 能相对地反映出水中有机物的含量，因此可以作为评价水体污染情况的一个指标。当有机物刚进入地面水不久，或由于地面水的温度低，有机物分解进行得缓慢时，即使污染比较严重，水中的 DO 含量也许无法反映污染情况，而 BOD 则能反映出来，见表 2－7。

表 2－7　　用 BOD 判断水质　　单位：mg/L

BOD	1.0 以下	2.0	3.0	5.0	7.5	10.0	20.0 以上
水质性状	非常清净	清净	良好	有污染	不良	恶化	严重恶化

7. COD

COD 以高锰酸钾或重铬酸钾对水中有机物等进行氧化时所消耗氧化剂的量，又称耗氧量，用与这个量相当的氧量（mg/L）来表示。它是水质污染的代表性指标，在与水质有关的各种法则和条例中均采用它作为控制项目。

COD 测定时，加入一定量与有机物等作用的过量氧化剂，在规定条件下加热处理，滴定求出氧化剂的残留量。用添加的氧化剂量减去残留量，然后根据氧化反应的化学式换算成氧的当量，即为 COD。COD 可以反映水中有机物的总量。COD 的测定速度快，该方法得到了广泛应用。但需注意，废水中的亚硝酸盐、亚铁、硫化物等还原性无机物质也会消耗强氧化剂，使 COD 值增高，而且不同的氧化反应条件，测出耗氧量也不同。因此，COD 只能相对反映出水中的有机物含量。

8. TOD 和 TOC

TOD 是把有机污染物放在 Pt 催化剂中于 900℃下燃烧，测出完全氧化时的耗氧量，是水体有机污染的指标。

TOC 是水中有机物所含的碳总量，它也是水体有机物的指标。

9. 硬度

水中的主要成分有重碳酸根、碳酸根、硫酸根和氯化物以及 Ca^{2+}、Mg^{2+}、Na^+、K^+，这些共占天然水中离子总量的 95%～98%，也包括少量 Cu、Mn、Pb、Fe 等微量元素，也有少量硝酸银类、有机物和与水中生命活动有关的物质。水的硬度最常用总硬度表示，它是指单位水体中含有的Ca^{2+}、Mg^{2+}总量，即当1L水中含有相当于10mg CaO的Ca^{2+}、Mg^{2+}量时，称其硬度为1度，水按硬度大小分为五类，见表2-8。另外，还采用暂时硬度、永久硬度和碳酸盐硬度来表示水的硬度。

表2-8　天然水按硬度分类

硬　度	<4.2	4.2～8.4	8.4～16.8	16.8～25.2	>25.2
水的类型	极软水	软水	微硬水	硬水	极硬水

10. 矿化度

水的矿化度又称为水的含盐量。习惯上以105～110℃温度下，将水分全部蒸发后所得干固残余物的重量与原有水体积之比来表示。按照矿化度的定义，可将天然水分为淡水、微咸水、咸水、盐水和卤水等五类，见表2-9。

表2-9　天然水按矿化度的分类

分　类	淡　水	微咸水	咸　水	盐　水	卤　水
矿化度/$(g \cdot L^{-1})$	0～1	1～3	3～10	10～50	>50

2.4.3 水环境质量标准

水环境质量标准，也称水质量标准，是指为保护人体健康和水的正常使用而对水体中污染物或其他物质的最高容许浓度所作的规定。按照水体类型，可分为地表水环境质量标准、地下水环境质量标准和海水水质标准；按照水资源的用途，又可分为生活饮用水水质标准、渔业用水水质标准、农业用水水质标准、娱乐用水水质标准、各种工业用水水质标准等。

1. 地表水环境质量标准

依据地表水域环境功能和保护目标，《地表水环境质量标准》（GB 3838—2002）将地表水划分为五类，具体如下：

（1）Ⅰ类。Ⅰ类水主要适用于源头水、国家自然保护区。

（2）Ⅱ类。Ⅱ类水主要适用于集中式生活饮用水地表水源地一级保护区、珍稀水生生物栖息地、鱼虾类产卵场、仔稚幼鱼的索饵场等。

（3）Ⅲ类。Ⅲ类水主要适用于集中式生活饮用水地表水源地二级保护区、鱼虾类越冬场、洄游通道、水产养殖区等渔业水域及游泳区。

(4) Ⅳ类。Ⅳ类水主要适用于一般工业用水区及人体非直接接触的娱乐用水区。

(5) Ⅴ类。Ⅴ类水主要适用于农业用水区及一般景观要求水域。

根据上述五类水域功能，将地表水环境质量标准的基本项目标准分为五类，不同功能类别分别执行相应类别的标准值。水域功能类别高的标准值严于水域功能类别低的标准值。当同一水域兼有多类使用功能的，执行最高功能类别对应的标准值。

地表水环境质量标准应符合表 2-10～表 2-12 的规定。其中，表 2-10 为地表水环境质量标准基本项目标准限值，表 2-11 为集中式生活饮用水地表水源地补充项目标准限值，表 2-12 为集中式生活饮用水地表水源地特定项目标准限值。

表 2-10　地表水环境质量标准基本项目标准限值　单位：mg/L

序号	项目		标准限值				
			Ⅰ类	Ⅱ类	Ⅲ类	Ⅳ类	Ⅴ类
1	水温		人为造成的环境水温变化应限制在：周平均最大温升不大于 1℃；周平均最大温降不大于 2℃				
2	pH 值		6～9				
3	DO	≥	饱和率 90%（或 7.5）	6	5	3	2
4	COD_{Mn}	≤	2	4	6	10	15
5	COD	≤	15	15	20	30	40
6	BOD_5	≤	3	3	4	6	10
7	NH_3—N	≤	0.15	0.5	1	1.5	2
8	TP（以 P 计）	≤	0.02（湖、库 0.01）	0.1（湖、库 0.025）	0.2（湖、库 0.05）	0.3（湖、库 0.1）	0.4（湖、库 0.2）
9	TN（湖、库，以 N 计）	≤	0.2	0.5	1	1.5	2
10	Cu	≤	0.01	1	1	1	1
11	Zn	≤	0.05	1	1	2	2
12	氟化物（以 F^- 计）	≤	1	1	1	1.5	1.5
13	Se	≤	0.01	0.01	0.01	0.02	0.02
14	As	≤	0.05	0.05	0.05	0.1	0.1

续表

序号	项目		标准限值				
			Ⅰ类	Ⅱ类	Ⅲ类	Ⅳ类	Ⅴ类
15	Hg	≤	0.00005	0.00005	0.0001	0.001	0.001
16	Cd	≤	0.001	0.005	0.005	0.005	0.01
17	六价铬	≤	0.01	0.05	0.05	0.05	0.1
18	Pb	≤	0.01	0.01	0.05	0.05	0.1
19	氰化物	≤	0.005	0.05	0.2	0.2	0.2
20	挥发酚	≤	0.002	0.002	0.005	0.01	0.1
21	石油类	≤	0.05	0.05	0.05	0.5	1
22	阴离子表面活性剂	≤	0.2	0.2	0.2	0.3	0.3
23	硫化物	≤	0.05	0.1	0.2	0.5	1
24	粪大肠菌群/（个·L^{-1}）	≤	200	2000	10000	20000	40000

表 2-11　　集中式生活饮用水地表水源地补充项目标准限值　　单位：mg/L

序号	项目	标准限值
1	硫酸盐（以 SO_4^{2-} 计）	250
2	氯化物（以 CL^- 计）	250
3	硝酸盐（以 N 计）	10
4	Fe	0.3
5	Mn	0.1

表 2-12　　集中式生活饮用水地表水源地特定项目标准限值　　单位：mg/L

序号	项目	标准限值	序号	项目	标准限值
1	三氯甲烷	0.06	9	1，2-二氯乙烯	0.05
2	四氯化碳	0.002	10	三氯乙烯	0.07
3	三溴甲烷	0.1	11	四氯乙烯	0.04
4	二氯甲烷	0.02	12	氯丁二烯	0.002
5	1，2-二氯乙烷	0.03	13	六氯丁二烯	0.0006
6	环氧氯丙烷	0.02	14	苯乙烯	0.02
7	氯乙烯	0.005	15	甲醛	0.9
8	1，1-二氯乙烯	0.03	16	乙醛	0.05

续表

序号	项　目	标准限值	序号	项　目	标准限值
17	丙烯醛	0.1	49	苦味酸	0.5
18	三氯乙醛	0.01	50	丁基黄原酸	0.005
19	苯	0.01	51	活性氯	0.01
20	甲苯	0.7	52	DDT	0.001
21	乙苯	0.3	53	林丹	0.002
22	二甲苯	0.5	54	环氧七氯	0.0002
23	异丙苯	0.25	55	对硫磷	0.003
24	氯苯	0.3	56	甲基对硫磷	0.002
25	1，2-二氯苯	1.0	57	马拉硫磷	0.05
26	1，4-二氯苯	0.3	58	乐果	0.08
27	三氯苯	0.02	59	敌敌畏	0.05
28	四氯苯	0.02	60	敌百虫	0.05
29	六氯苯	0.05	61	内吸磷	0.03
30	硝基苯	0.017	62	百菌清	0.01
31	二硝基苯	0.5	63	甲萘威	0.05
32	2，4-二硝基甲苯	0.0003	64	溴氰菊酯	0.02
33	2，4，6-三硝基甲苯	0.5	65	阿特拉津	0.003
34	多氯联苯	0.05	66	苯并（a）芘	2.8×10^{-6}
35	2，4-二硝基氯苯	0.5	67	甲基汞	1.0×10^{-6}
36	2，4-二氯苯酚	0.093	68	多氯联苯	2.0×10^{-5}
37	2，4，6-三氯苯酚	0.2	69	微囊藻毒素-LR	0.001
38	五氯酚	0.009	70	黄磷	0.003
39	苯胺	0.1	71	Mo	0.07
40	联苯胺	0.0002	72	Co	1.0
41	丙烯酰胺	0.0005	73	Be	0.002
42	丙烯腈	0.1	74	B	0.5
43	邻苯二甲酸二丁酯	0.003	75	Sb	0.005
44	邻苯二甲酸二（2-乙基己基）酯	0.008	76	Ni	0.02
45	水合肼	0.01	77	Ba	0.7
46	四乙基铅	0.0001	78	V	0.05
47	吡啶	0.2	79	Ti	0.1
48	松节油	0.2	80	Tl	0.0001

2. 地下水环境质量标准

地下水质量是指地下水的物理、化学和生物性质的总称。我国《地下水质量标准》(GB/T 14848—2017)规定了地下水质量分类、指标及限值，地下水质量调查与监测，地下水质量评价等内容。依据我国地下水质量状况和人体健康风险，参照生活饮用水、工业、农业等用水质量要求，依据各组分含水高低(pH值除外)分为五类，具体如下：

(1) Ⅰ类。Ⅰ类地下水化学组分含量低，适用于各种用途。

(2) Ⅱ类。Ⅱ类地下水化学组分含量较低，适用于各种用途。

(3) Ⅲ类。Ⅲ类地下水化学组分含量中等，以《生活饮用水卫生标准》(GB 5749—2006)为依据，主要适用于集中式生活饮用水水源及工农业用水。

(4) Ⅳ类。地下水化学组分含量较高，以农业和工业用水质量要求以及一定水平的人体健康风险为依据，适用于农业和部分工业用水，适当处理后可作生活饮用水。

(5) Ⅴ类。地下水化学组分含量高，不宜作为生活饮用水水源，其他用水可根据使用目的选用。

地下水质量指标的常规指标及限值见表2-13。

表2-13 地下水质量指标的常规指标及限值

序号	指　标	Ⅰ类	Ⅱ类	Ⅲ类	Ⅳ类	Ⅴ类
感官性状及一般化学指标						
1	色(铂钴色度单位)	≤5	≤5	≤15	≤25	>25
2	嗅和味	无				有
3	浑浊度/NTU①	≤3	≤3	≤3	≤10	>10
4	肉眼可见物	无				有
5	pH值	6.5≤pH≤8.5			5.5≤pH≤6.5 或 8.5≤pH≤9.0	pH<5.5 或 pH>9.0
6	总硬度(以 $CaCO_3$ 计)/(mg·L^{-1})	≤150	≤300	≤450	≤650	>650
7	溶解性总固体/(mg·L^{-1})	≤300	≤500	≤1000	≤2000	>2000
8	硫酸盐/(mg·L^{-1})	≤50	≤150	≤250	≤350	>350
9	氯化物/(mg·L^{-1})	≤50	≤150	≤250	≤350	>350
10	Fe/(mg·L^{-1})	≤0.1	≤0.2	≤0.3	≤2.0	>2.0
11	Mn/(mg·L^{-1})	≤0.05	≤0.05	≤0.10	≤1.50	>1.50

续表

序号	指　　标	Ⅰ类	Ⅱ类	Ⅲ类	Ⅳ类	Ⅴ类
12	Cu/($mg \cdot L^{-1}$)	≤0.01	≤0.05	≤1.00	≤1.50	>1.50
13	Zn/($mg \cdot L^{-1}$)	≤0.05	≤0.50	≤1.00	≤5.00	>5.00
14	Al/($mg \cdot L^{-1}$)	≤0.01	≤0.05	≤0.20	≤0.50	>0.50
15	挥发性酚类（以苯酚计）/($mg \cdot L^{-1}$)	≤0.001	≤0.001	≤0.002	≤0.01	>0.01
16	阴离子表面活性剂/($mg \cdot L^{-1}$)	不得检出	≤0.1	≤0.3	≤0.3	>0.3
17	耗氧量（COD_{Mn}法，以 O_2 计）/($mg \cdot L^{-1}$)	≤1.0	≤2.0	≤3.0	≤10.0	>10.0
18	NH_3—N（以 N 计）/($mg \cdot L^{-1}$)	≤0.02	≤0.10	≤0.50	≤1.50	>1.50
19	硫化物/($mg \cdot L^{-1}$)	≤0.005	≤0.01	≤0.02	≤0.10	>0.10
20	Na/($mg \cdot L^{-1}$)	≤100	≤150	≤200	≤400	>400
	微生物指标					
21	总大肠菌群/(MPN②/100mL 或 CFU③/100mL)	≤3.0	≤3.0	≤3.0	≤100	>100
22	菌落总数/($CFU \cdot mL^{-1}$)	≤100	≤100	≤100	≤1000	>1000
	毒理学指标					
23	亚硝酸盐（以 N 计）/($mg \cdot L^{-1}$)	≤0.01	≤0.1	≤1.00	≤4.80	>4.80
24	硝酸盐（以 N 计）/($mg \cdot L^{-1}$)	≤2.0	≤5.0	≤20.0	≤30.0	>30.0
25	氰化物/($mg \cdot L^{-1}$)	≤0.001	≤0.01	≤0.05	≤0.10	>0.10
26	氟化物/($mg \cdot L^{-1}$)	≤0.1	≤0.1	≤0.1	≤2.0	>2.0
27	碘化物/($mg \cdot L^{-1}$)	≤0.04	≤0.04	≤0.08	≤0.50	>0.50
28	Hg/($mg \cdot L^{-1}$)	≤0.0001	≤0.0001	≤0.001	≤0.002	>0.002
29	As/($mg \cdot L^{-1}$)	≤0.001	≤0.001	≤0.01	≤0.05	>0.05
30	Se/($mg \cdot L^{-1}$)	≤0.01	≤0.01	≤0.01	≤0.10	>0.10
31	Cd/($mg \cdot L^{-1}$)	≤0.0001	≤0.001	≤0.005	≤0.01	>0.01
32	六价铬/($mg \cdot L^{-1}$)	≤0.005	≤0.01	≤0.05	≤0.10	>0.10
33	Pb/($mg \cdot L^{-1}$)	≤0.005	≤0.005	≤0.1	≤0.10	>0.10
34	三氯甲烷/($\mu g \cdot L^{-1}$)	≤0.5	≤6	≤60	≤300	>300
35	四氯化碳/($\mu g \cdot L^{-1}$)	≤0.5	≤0.5	≤2.0	≤50.0	>50.0
36	苯/($\mu g \cdot L^{-1}$)	≤0.5	≤1.0	≤10.0	≤120	>120
37	甲苯/($\mu g \cdot L^{-1}$)	≤0.5	≤140	≤700	≤1400	>1400
	放射性指标④					
38	总 α 放射性/($Bq \cdot L^{-1}$)	≤0.1	≤0.1	≤0.5	>0.5	>0.5
39	总 β 放射性/($Bq \cdot L^{-1}$)	≤0.1	≤1.0	≤1.0	>1.0	>1.0

① NTU 表示散射浊度单位。

② MPN 表示最可能数。

③ CFU 表示菌落形成单位。

④ 放射性指标超过限值，应进行核素分析和评价。

3. 海水水质标准

海水水质按照海域的不同使用功能和保护目标可分为四类，具体如下：

(1) Ⅰ类。Ⅰ类海水适用于海洋渔业水域、海上自然保护区和珍稀濒危海洋生物保护区。

(2) Ⅱ类。Ⅱ类海水适用于水产养殖区、海水浴场、人体直接接触海水的海上运动或娱乐区，以及与人类食用直接有关的工业用水区。

(3) Ⅲ类。Ⅲ类海水适用于一般工业用水区、滨海风景旅游区。

(4) Ⅳ类。Ⅳ类海水适用于海洋港口水域、海洋开发作业区。

依据《海水水质标准》(GB 3097—1997)，各类海水水质标准见表2-14。

表2-14 海水水质标准 单位：mg/L

序号	项目	Ⅰ类	Ⅱ类	Ⅲ类	Ⅳ类
1	漂浮物质	海面不得出现油膜、浮沫和其他漂浮物质			海面无明显油膜、浮沫和其他漂浮物质
2	色、臭、味	海水不得有异色、异臭、异味			海水不得有令人厌恶和感到不快的色、臭、味
3	悬浮物质	人为增加的量≤10		人为增加的量≤100	人为增加的量≤150
4	大肠菌群≤(个·L^{-1})	10000(供人生食的贝类增养殖水质≤700)			—
5	粪大肠菌群≤(个·L^{-1})	2000(供人生食的贝类增养殖水质≤140)			—
6	病原体	供人生食的贝类养殖水质不得含有病原体			
7	水温	人为造成的海水温升夏季不超过当时当地1℃，其他季节不超过2℃		人为造成的海水温升不超过当时当地4℃	
8	pH值	7.8～8.5，同时不超出该海域正常变动范围的0.2倍pH值		6.8～8.8，同时不超出该海域正常变动范围的0.5倍pH值	
9	DO>	6	5	4	3
10	COD≤	2	3	4	5
11	BOD_5≤	1	3	4	5
12	无机氮≤(以N计)	0.2	0.3	0.4	0.5
13	非离子氨≤(以N计)	0.02			
14	活性磷酸盐≤(以P计)	0.015	0.03		0.045

续表

<table>
<tr><th>序号</th><th colspan="2">项　目</th><th>Ⅰ类</th><th>Ⅱ类</th><th>Ⅲ类</th><th>Ⅳ类</th></tr>
<tr><td>15</td><td colspan="2">Hg≤</td><td>0.00005</td><td colspan="2">0.0002</td><td>0.0005</td></tr>
<tr><td>16</td><td colspan="2">Cd≤</td><td>0.001</td><td>0.005</td><td colspan="2">0.010</td></tr>
<tr><td>17</td><td colspan="2">Pb≤</td><td>0.001</td><td>0.005</td><td>0.01</td><td>0.05</td></tr>
<tr><td>18</td><td colspan="2">六价铬≤</td><td>0.005</td><td>0.01</td><td>0.02</td><td>0.05</td></tr>
<tr><td>19</td><td colspan="2">总铬≤</td><td>0.05</td><td>0.1</td><td>0.2</td><td>0.5</td></tr>
<tr><td>20</td><td colspan="2">As≤</td><td>0.02</td><td>0.03</td><td colspan="2">0.050</td></tr>
<tr><td>21</td><td colspan="2">Cu≤</td><td>0.005</td><td>0.01</td><td colspan="2">0.050</td></tr>
<tr><td>22</td><td colspan="2">Zn≤</td><td>0.020</td><td>0.050</td><td>0.10</td><td>0.50</td></tr>
<tr><td>23</td><td colspan="2">Se≤</td><td>0.010</td><td colspan="2">0.020</td><td>0.050</td></tr>
<tr><td>24</td><td colspan="2">Ni≤</td><td>0.005</td><td>0.01</td><td>0.02</td><td>0.05</td></tr>
<tr><td>25</td><td colspan="2">氰化物≤</td><td colspan="2">0.005</td><td>0.1</td><td>0.2</td></tr>
<tr><td>26</td><td colspan="2">硫化物≤（以 S 计）</td><td>0.02</td><td>0.05</td><td>0.1</td><td>0.25</td></tr>
<tr><td>27</td><td colspan="2">挥发性酚≤</td><td colspan="2">0.005</td><td>0.01</td><td>0.05</td></tr>
<tr><td>28</td><td colspan="2">石油类≤</td><td colspan="2">0.05</td><td>0.3</td><td>0.5</td></tr>
<tr><td>29</td><td colspan="2">六六六≤</td><td>0.001</td><td>0.002</td><td>0.003</td><td>0.005</td></tr>
<tr><td>30</td><td colspan="2">DDT≤</td><td>0.00005</td><td colspan="3">0.0001</td></tr>
<tr><td>31</td><td colspan="2">马拉硫磷≤</td><td>0.0005</td><td colspan="3">0.001</td></tr>
<tr><td>32</td><td colspan="2">甲基对硫磷≤</td><td>0.0005</td><td colspan="3">0.001</td></tr>
<tr><td>33</td><td colspan="2">苯并（a）芘≤/（μg·L^{-1}）</td><td colspan="4">0.0025</td></tr>
<tr><td>34</td><td colspan="2">阴离子表面活性剂（以 LAS 计）</td><td>0.03</td><td colspan="3">0.10</td></tr>
<tr><td rowspan="5">35</td><td rowspan="5">* 放射性核素/(Bq·L^{-1})</td><td>^{60}Co</td><td colspan="4">0.03</td></tr>
<tr><td>^{90}Sr</td><td colspan="4">4</td></tr>
<tr><td>^{106}Rn</td><td colspan="4">0.2</td></tr>
<tr><td>^{134}Cs</td><td colspan="4">0.6</td></tr>
<tr><td>^{137}Cs</td><td colspan="4">0.7</td></tr>
</table>

第3章 水污染及其防治

3.1 点源污染及其防治

3.1.1 点源污染的概念

点源污染是由可识别的单污染源引起的空气、水、热、噪声或光污染。点源具有可以识别的范围，可将其与其他污染源区分开来。由于在数学模型中，该类污染源可被近似为点以简化计算，因此被称为点源。美国环保署将点源污染定义为“任何由可识别的污染源产生的污染，‘可识别的污染源’包括但不限于排污管、沟渠、船只或者烟囱”。

水污染点源是指以点状形式排放而使水体造成污染的发生源。一般工业污染源和生活污染源产生的工业废水和城镇生活污水，经市政污水处理厂或经管渠输送到水体排放口，作为重要污染点源向水体排放。这种点源含污染物多，成分复杂，其变化规律依据工业废水和生活污水的排放规律，具有季节性和随机性。

3.1.2 点源污染的来源及评价

目前，我国水环境的点源污染来源主要分为城镇生活污水和工业废水两类。

1. 城镇生活污水

城镇生活污水主要来源于居住建筑和公共建筑，如住宅、机关、学校、医院、商店、公共场所及工业企业卫生间等。生活污水含有大量的有机物和病原微生物，因此在排放前需经污水处理厂净化处理，满足排放标准才能将其排放至受纳水体。作为发展中国家，我国尚处于城市化进程当中，城市人口近年来

快速增加，随之而来的是城镇生活污水排放量的迅猛增长。这一趋势预计还将延续10～20年，对我国的城镇污水处理系统建设是一个巨大考验。我国污水处理工作起步较晚，在硬件设施建设方面与城市经济发展速度和城市化发展速度不匹配，导致现有的污水处理设施无法满足当前城市发展的需求。同时一些城市在建设过程中忽略了合理配置资源，导致水体污染日益严重。此外，现有的城镇生活污水处理厂的技术水平较为落后，与发达国家相比存在一定的差距。根据《“十三五”全国城镇污水处理及再生利用设施建设规划》，我国“十三五”的城镇污水处理能力将从2.17亿m^3/d提升至2.68亿m^3/d，同时将完成4220万m^3/d规模的提标改造，以适应更为严格的污水排放标准。

2. 工业废水

工业废水是指工业生产过程中产生的废水和废液，其中含有随水流失的工业生产用料、中间产物、副产品及生产过程中产生的污染物。造纸业、化学原料及化学制品制造业、纺织业、煤炭开采和洗选业是主要的工业废水污染源，占工业废水排放量的47.1%。工业废水的排放是造成工业污染的主要原因，未经处理或处理不达标的废水直接排放到江河湖泊中，会造成严重的水体污染。我国工业废水污染现象严重，存在污染物成分复杂、污染范围广、处理难度大等问题，严重影响我国工业废水污染控制。与城镇生活污水不同的是，随着我国工业技术水平不断提高，供给侧改革和产业结构转型升级，工业废水排放量正逐年下降，并且到2020年都将保持这一趋势。虽然工业废水排放量下降，但基数仍然十分庞大，并且随着废水排放标准的不断提高，工业废水处理压力不降反升。由于相关工业企业分布较为分散且监管体系建设不到位，部分工业企业不达标废水偷排漏排现象依然严重。工业废水的污染控制，不仅在于处理技术的提升，更重要的是政府的监管。

3.1.3 防治措施

1. 污水处理厂建设

生活污水和工业废水中包含了大量的悬浮颗粒、耗氧有机物、营养元素、重金属及各种无机盐矿物质，其处理主要依靠污水处理厂来完成，从而有效控制点源污染。我国部分落后偏远城镇的污水处理厂水处理技术还不够完善，导致污水处理厂处理后的污水未达到排放标准，因此加强偏远地区污水处理厂的建设非常重要。除此之外，部分城镇的污水处理厂总规模已不够容纳所有亟须

处理的污水总量，根据实际情况，应适当扩大污水处理厂的规模。对于一些规模较大，水处理工艺较完善的污水处理厂，可加大对水处理工艺研究的投入，制定更高质量的污水排放标准。

污水处理一般有三级处理。其中：一级处理是通过机械处理，如格栅、沉淀或气浮，去除污水中所含的石块、砂石和脂肪、油脂等；二级处理是生物处理，污水中的污染物在微生物的作用下被降解，转化为污泥；三级处理是污水的深度处理，包括营养物的去除和通过加氯、紫外辐射或臭氧技术对污水进行消毒。根据处理目标和水质的不同，有的污水处理过程并不包含上述全部过程。污水处理厂常用的污水处理方法及其去除的污染物类型见表3-1。

表3-1 常用的污水处理方法及其去除的污染物类型

类别	处理方法	主要去除污染物
一级处理	格栅分离	粗粒悬浮物
	沉沙	固体沉淀物
	均衡	不同的水质冲击
	中和（pH值调节）	酸碱
	油水分离	浮油、粗分散油
	气浮或聚结	细分散油及微细的悬浮物
二级处理	活性污泥法	微生物可降解的有机物
	生物膜法	
	氧化沟	
	氧化塘	
后处理	氨气提法	气体 H_2S、CO_2、NH_3
	凝聚沉淀法	不能沉降的悬浮粒子、胶体粒子、细分散油
	过滤或微絮凝过滤	悬浮固体、细分散油
	气浮	悬浮固体、细分散油
	活性炭过滤（生物炭过滤）	悬浮固体、细分散油
三级处理	活性炭吸附	臭味、颜色、COD、细分散油、溶解油
	灭菌	细菌、病毒
	电渗析	盐类、重金属
	离子交换	盐类、重金属
	反渗透	盐类、有机物、细菌
	蒸发	
	臭氧氧化	难降解的有机物、溶解油

2. 截污工程建设

河道截污工程能直接切断流入水体的污染源，是治理河道污染最有效的方法，包括截污纳管、雨污分流和临时截污措施。截污纳管，即污染源单位将污水截流纳入污水截流收集管系统进行集中处理。该法在城镇生活污水处理中发挥了重要作用，是改善水质最根本、最重要的措施。雨污分流，即雨水和污水分别用不同排水管道的排水方式，该法便于雨水收集利用和集中管理排放，降低对污水处理厂的冲击负荷，提高污水处理厂的处理效率。除此之外，临时截污可作为辅助措施来解决污水进入河道的问题。对于河道直排口周边有较完善的河道截污管道系统的点源污染，可在摸清其情况后进行截污。在接入河道前的明沟暗渠或是管道末端设置临时截污措施，将污水接入河道周边的污水干管中，减少污水对河道的污染。截污管的设置应与城市、雨水、交通、污水等各项规划相结合，同时要全面考虑到治污与治河之间的关系、治河与景观之间的关系，以便统一建设。设置截污管时，必须要根据实际状况，结合各项规划标准，尽可能顺着河道堤路进行设置，以降低征地率和拆迁率，节约建设投资成本。定线准确是科学设计截污管道体系的关键因素，做定线工作时应严格遵守以下原则：①尽量在埋深小与管线短的条件下，使最大范围的污水可以自行排出；②结合城市各项规划，做竖向设计时要充分考虑管线的综合标准；③尽可能减少占地和拆迁；④如无必要，禁止设置中途泵站和倒虹管，以减少运行费用以及工程投资费用，进一步降低日常管理与维护的难度，最终达到保证管道运行通畅的目的。

（1）完全分流截污排水体系。由于完全分流截污排水体系不仅具备污水截流排水体系，还具备雨水截流排水体系，所以在环保方面具有十分显著的效益。但其在一定程度上存在着早期雨水污染问题，因而其投资成本明显高于截流式截污合流体系。目前，我国大部分城市、工业与采矿业均施行完全分流截污排水体系。

（2）不完全分流截污排水体系。因为不完全分流截污排水体系仅具备污水截流排水体系，并未具备雨水截流排水体系，所以其投资金额相对较少。该系统一般运用在便于排水、地形适宜和具有地面水体的城市。如果城市属于发展中城市，为了实现分步投资，应先设置污水截流排水体系，然后再对雨水截流排水体系做必要的完善工作。

（3）截流式截污合流体系。截流式截污合流体系通常应用于少雨城市，而在雨天情况下也只会有一些混合污水未通过处理就直接排放进水体，该体系明显优于直排式体系，且具有显著的改善效果。但若处于多雨地区，仍会发生十分严重的污染情况。针对这一情况，可合理建造一个水库，用以存储污水，待降雨结束后运送到污水处理厂进行有效处理，这样在很大程度上就可以减少污水处理厂进水量的实际变化幅度，达到改善运行的目的。

综上所述，分流截污排水体系的灵活度明显优于合流截污排水体系，且能够满足社会向前发展的需要，所以在设置截污体系时，尽可能采取分流式。但如果在周围存在过大水体，可持续发展受局限的小城市，或者是在废水可完全处理、雨水较少的地区，可合理设置合流截污排水体系。根据城市的实际情况采取与之相适应的截污排水体系才能实现城市的可持续发展。

3. 分散型污水处理工程

对于大部分农村地区，由于居民较为分散、地广人稀，污水排放也较为分散，铺设完善的污水管网耗资巨大，资源浪费严重。因此，应采取污水分散处理技术。农村的生活污水排放主要存在产污量少且具有时间性；排放浓度较低，但水质复杂；经济较好、人口密集的农村地区，其污水排放量也较大且污染较为严重等问题。加强污水分散处理技术的应用，包括化粪池、初沉池等初级处理工艺以及曝气池、生物滤池、SBR 反应器、稳定塘、人工湿地等的主体处理工艺。初级处理工艺主要用于去除部分 SS，而主体处理工艺则用于去除 COD、SS 或 N、P 等。根据需求的不同，可将上述不同工艺进行组合。选择工艺时，应因地制宜，与当地经济、人口、地形等客观条件相匹配。例如：浙江省很多农户修建类似的沼气厌氧装置，投资为 1000～2000 元/户，采用该技术代替化粪池处理生活污水，具有占地少、运行维护费用低等优势。除此之外，加快新农村建设，聚集居民，对于人口较为密集的居住区也可建设完善的污水管网系统和小型污水处理厂。

4. 雨水调蓄工程建设

雨水调蓄工程是指将雨水径流的高峰流量暂时储存在调蓄池中，待流量下降后，再从调蓄池中将水排出，以削减洪峰流量，降低下游雨水干管的管径，提高区域的排水标准和防洪能力，减少内涝灾害。建设雨水调蓄池设施可解决旱季污水排河，雨季雨污漫流、初期雨水污染河道等问题。在污水直排口处截流旱季排河污水及雨季初期雨水和雨污混流水，错峰调蓄，减少污染，保护受纳水体。雨水调蓄设施按功能可分为径流污染控制调蓄、内涝防治调蓄、雨水利用调蓄等，按在排水系统中的位置可分为源头减排设施、管渠调蓄设施和排涝除险设施，按种类可分为水体调蓄、绿地广场调蓄、调蓄池和隧道调蓄工程等，按用途又可分为专用调蓄设施和兼用调蓄设施（多功能调蓄设施）。城镇雨水调蓄工程应遵循低影响开发理念，结合城镇建设，充分利用现有自然蓄排水设施，合理规划和建设。在城镇化建设的过程中，基础设施都需要空间。此时，多功能的融合显得极其重要。多功能雨水调蓄设施与绿地、广场等空间结合，平时发挥正常的景观、休闲娱乐功能，暴雨产生积水时发挥调蓄功能。

在以上这些常见的点源污染防治措施的基础上，还需要完善政策法规，加强执法力度，加大环境保护的宣传力度，提高民众的环保意识，才能取得点源污染控制的成功。

3.2 面源污染及其防治

3.2.1 面源污染的概念

面源污染又称非点源污染，主要由地表的土壤泥沙颗粒、氮磷等营养物质、农药等有害物质、秸秆农膜等固体废弃物、畜禽养殖粪便污水、水产养殖饵料药物、农村生活污水垃圾、各种大气颗粒物沉降等，通过地表径流、土壤侵蚀、农田排水等形式进入水体环境所造成的污染，涉及范围广，不确定性大，具有随机性、广泛性、滞后性、模糊性、潜伏性等特点。因此不易监测、难以量化，研究和防控的难度大。面源污染有广义与狭义两种理解：广义指各种没有固定排污口的环境污染，狭义通常限定于水环境的非点源污染，即伴随降水过程产生的地表径流污染。

面源污染主要成因包括水土流失与土壤侵蚀，农用化学品滥用，生活污水，农业（种植业、畜牧业）固体废弃物等，其中以农用化学品滥用最为严重。在农业生产活动中，土壤表面及耕作层内的大量未被作物吸收利用的 N、P 等营养元素会通过农田排水、地表径流、壤中流和地下渗漏等方式进入水体，引起

水体富营养化，导致藻类大量繁殖，水环境恶化，水生生物死亡。其最典型的发生方式是降雨径流污染。

3.2.2 防治措施

由于面源污染的复杂性和随机性，面源污染控制十分困难。目前面源污染的控制措施技术还处于研究探索之中，对控制措施的经济效益及机理的研究还有待进一步提高。我国针对面源污染控制的研究和实践相对国外较为滞后，总体进展缓慢。目前，我国的农村面源污染控制工程措施仍基本处于试验、示范阶段，有限范围内的一些试点主要侧重于从工程技术的角度分析面源污染的成因并实施相应的治理方案。全国农村每年有200多亿t生活污水直接排放，绝大多数村庄没有排水渠道和污水处理系统，是造成水环境污染和水体富营养化的主要原因。2018年，我国城市污水处理率已经达到95%，县城污水处理率达到90%，但农村污水处理率仅为20%。村落污水收集的常见类型有管网收集模式、带冲洗装置沟渠收集模式和截污收集模式。采用的主要技术有：传统的城市污水处理工艺，如活性污泥、氧化沟、AO、A/O、SBR、生物滤池等，但并不适合农村污水的排放特点；简单生态工艺，如人工湿地、土壤渗滤、氧化塘等；膜生物反应器等先进工艺；组合工艺，如组合式生物滤池＋高通量人工湿地。随着“美丽乡村”建设的推进，农村污水治理的需求将急剧增加，积极探索适合农村面源污染控制技术的农村污水治理技术将有良好的前景。有效治理农业面源污染，不仅是个工程技术问题，更有体制和机制方面的问题。随着农业生产的发展和农村生活方式的改变，有关农业面源污染的研究还将是长期的。

经过多年的研究和探索，面源污染技术由初期的定性化研究向定量化研究发展，由统计、调查与机理研究向实用治理研究发展。目前，面源污染防治技术可分为源头控制技术和过程阻断技术两方面。在进行面源污染控制时，应结合当地的人口、地形、经济等条件，因地制宜，构建面源污染控制工程，一方面通过自然净化作用来降解污染物，另一方面可构建各种人工生态系统，维护生态平衡。

1. 源头控制技术

源头控制技术是从源头上减少污染物的种类和数量，进而达到有效控制污染物进入河流的水污染控制技术，主要包括土地利用规划与空间布局、化肥减量化技术、种植制度优化、土壤耕作优化、节水灌溉技术、农药减量化与残留控制技术等。

（1）土地利用规划与空间布局。土地利用规划与空间布局应符合《土地开发整理项目规划设计规范》（TD/T 1012—2016）要求。在土壤质地、植被类型及降雨量相似的条件下，径流量、泥沙流失量与坡度成正比。禁止在坡度为25°以上的陡坡地开垦种植农作物；在坡度为25°以上的陡坡地种植经济林的，应当科学选择植物种，合理确定规模，采取水土保持措施，防止水土流失。在坡度为5°～25°的荒坡地开垦种植农作物，应当采取水土保持措施，采取等高种植。在山区开发过程中可采取“顶林、腰园、谷农、塘鱼”的山地立体开发模式，使农田面源污染最小化。

（2）化肥减量化技术。根据《化肥使用环境安全技术导则》（HJ 555—2010），化肥环境安全使用原则包括以下方面：

1）在保障农产品产量的前提下，节约资源、提高化肥利用率。

2）考虑不同地区气候特征、种植制度、环境承载力以及环境质量的要求，确定化肥品种、用量及施用方法。

3）分析不同化肥品种的特点、流失途径及其影响因素，通过调节可人为控制的影响因素，从源头、田间管理、末端拦截三个环节控制化肥的流失，降低对环境的污染风险。

为了减少施肥对农田面源污染产生的影响，应从循环经济理念出发，从养分平衡和施肥技术出发，科学制定环境友好的养分管理技术。科学施肥是通过合理减少农田养分投入，提高氮磷养分利用率，从而减少农田面源污染。

（3）种植制度优化。种植制度不同，化肥的投入量及水分管理方式也会不同，从而造成面源污染产生情况也不尽相同。根据《水土保持综合治理　技术规范　坡耕地治理技术》（GB/T 16453.1—2008），采用间作、套种、轮作、休闲地上种绿肥等技术可提高植被覆盖度，提高土壤抗蚀性能，降低面源污染发生风险。间作即两种不同作物同时播种，间作的两种作物应具备生态群落相互协调、生长环境互补的特点，主要有高秆作物与低秆作物、深根作物与浅根作物、早熟作物与晚熟作物、密生作物与疏生作物、喜光作物与喜阴作物、禾本科作物与豆科作物等不同作物的合理配置。根据作物的生理特性可分别采取行间间作和株间间作。套种即在同一地块内，前季作物生长的后期，在其行间或株间播种或移栽后季作物，两种作物收获时间不同，其作物配置的协调互补与间作相同。轮作指在同一地块上有顺序地在季节间和年度间轮换种植不同作物或复种组合

的种植方式。长期以来我国旱地多采用以禾谷类为主或禾谷类作物、经济作物与豆类作物的轮换，或与绿肥作物的轮换，有的水稻田实行与旱作物轮换种植的水旱轮作。绿肥作物是指可为农作物提供肥源、提高土壤肥力的作物。一般采用带根瘤菌能固氮的豆料作物为绿肥作物。南方稻区有大量稻田处于冬季休闲状态，种植绿肥可以减少土壤风蚀、水蚀。

（4）土壤耕作优化。针对旱地尤其是坡耕地，应采用保护性耕作的土壤养分流失控制技术，如免耕技术、等高耕作技术、沟垄耕作技术等，减少地表产流次数和径流量，降低氮磷养分流失。与保护性耕作农田相比，传统耕作农田的泥沙和养分流失明显增多。传统耕作农田由于翻耕，土壤矿化作用强烈，硝酸盐的流失明显高于保护性耕作农田。保护性耕作（少耕、免耕）可以改善土壤物理结构、土壤入渗性能和生产潜力，减少农田土壤及养分流失。

（5）节水灌溉技术。节水灌溉是解决农作物缺水用水、缓解旱情和防止污染物迁移的有效措施，常见的节水灌溉技术包括喷灌技术、微灌技术和低压管道灌溉技术。根据《节水灌溉工程技术标准》（GB/T 50363—2018），灌溉水源应优化配置、合理利用、节约保护水资源，发挥灌溉水资源的最大效益；节水灌溉应充分利用当地降水；用工业废水或生活污水作为灌溉水源时，必须经过净化处理，达到《农田灌溉水质标准》（GB 5084—2005）要求。

（6）农药减量化与残留控制技术。根据土壤类型、作物生长特性、生态环境及气候特征，合理选择农药品种，减少农药在土壤中的残留或迁移。在地表水网密集区、水产养殖等渔业水域、娱乐用水区等，不宜使用易移动、难吸附、水中持留性很稳定的农药品种。

1）推行农药减量增效使用技术、良好农业规范技术等，鼓励对施药器械、施药技术的研发与应用，提高农药施用效率。在化学农药减量施用方面，当前的主要发展趋势是由化学农药防治逐渐转向非化学防治技术或低污染的化学防治技术。

2）科学利用生物技术，加快残留农药安全降解。施用具有农药降解功能的微生物菌剂，加快土壤中杀虫剂和除草剂的降解速度，减少对后茬作物的危害影响。

3）物理防控措施（如采用太阳能、频振式杀虫灯、性引诱剂等）。

4）生态防控措施，引入天敌，提高生物多样性，种植具有驱、诱作用的植物等。

5）节制用药，即结合病虫草害发生情况，科学控制农药使用量、使用频率、使用周期等，减少进入土壤、水体的农药总量。

6）加强田间农艺管理措施。采用土地轮休、水旱轮作、深耕暴晒、施用有机肥料等措施，提高土壤对农药的环境容量。不宜雨前施药或施药后排水，减少含农药浓度较高的田水排入地表水体。

7）加强对农药废弃物的管理。不应将农药废弃包装物作为他用；完好无损的包装物可由销售部门或生产厂统一回收。不应在易对人、畜、作物和其他植物，以及食品和水源造成危害的地方处置农药废弃物。

2. 过程阻断技术

农田面源污染物质大部分随降雨径流进入水体，在其进入水体前，通过建立生态拦截系统，有效阻断径流水中N、P等污染物进入水环境，是控制农田面源污染的重要技术手段。目前农田面源污染过程阻断常用的技术有两大类：一类是农田内部的拦截，如稻田生态田埂技术、生态拦截缓冲带技术、生物篱技术、设施菜地增设休闲作物种植技术、果园生草技术（果树下种植三叶草等减少地表径流量）；另一类是污染物离开农田后的拦截阻断技术，包括生态拦截沟渠技术、生态护岸边坡技术等。这类技术多通过对现有沟渠的生态改造和功能强化，或者额外建设生态工程，利用物理、化学和生物的联合作用对污染物，特别是N、P进行强化净化和深度处理，不仅能有效拦截、净化农田N、P污染物，而且阻止土壤中的N、P向收纳水体转移，实现污染物中N、P的减量化排放或最大化去除以及N、P的资源化利用。

(1) 生态沟渠。农田生态沟渠分沿河主干渠和田间支渠两种。对于沿河主干渠，在原有排水干渠的基础上进行一定的工程改造，建设成生态拦截型沟渠，干渠沿农田与河流之间的道路一侧设置，没有道路的区段，沿农田一侧设置，主干渠节点汇入农田生态塘，末端经生态缓冲带之后汇入生态湿地。对于田间支渠，将淤积严重，连通度差或杂草丛生的区段进行清淤，拓宽沟渠容量。为保证水生植物正常生长，清理时要保留部分原有水生植物和一定量的淤泥。

渠体的断面为等腰梯形，沟壁和沟底均由蜂窝状水泥板构成，配置多种植物，使渠体在具有原有排水功能的基础上，增加对排水中N、P养分的拦截、吸附、沉积、转化和吸收利用。植物是生态拦截沟渠塘的重要组成部分，可由人工种植和自然演替形成。沟壁植物以自然演替为主，可辅助人工种植，人工选取植物应满足适合当地生长环境，景观效果好，经济易管理，高效吸收吸附

N、P并且具有水土保持、稳固沟渠的功能。渠底可选择狐尾藻、轮叶黑藻、金鱼藻等沉水植物，渠内壁以自然演替为主，可辅助种植狗牙根等植物。在平缓地带生态沟渠中要常年保持稳定水位，种植小型水生植物和藻类，在降雨期间和农田灌溉时起排水作用，在其他时间水体处于静止状态或缓慢流状态，以满足水生植物的生长。沟渠的水生植物要加强管养，定期收获、处置和利用，防止水生植物死亡后沉积水底腐烂，造成二次污染。要减少沟渠堤岸植物带受岸上人类活动、沟渠水流、沟渠开发等影响，保护生态多样性。生态沟渠如图3－1所示。

图3－1　生态沟渠

（2）生态塘。生态塘是以太阳能为初始能源，通过在塘中种植水生植物进行水产和水禽养殖，形成人工生态系统，同时通过生态塘中多条食物链的物质迁移、转化以及能量的逐级传递、转化，将流经生态塘的有机污染物进行降解和转化，最后不仅去除了污染物、净化了水体，而且以水生植物和水产、水禽的形式进行资源回收，使污水处理与利用结合起来，实现污水处理资源化。生态塘系统运行原理如图3－2所示。

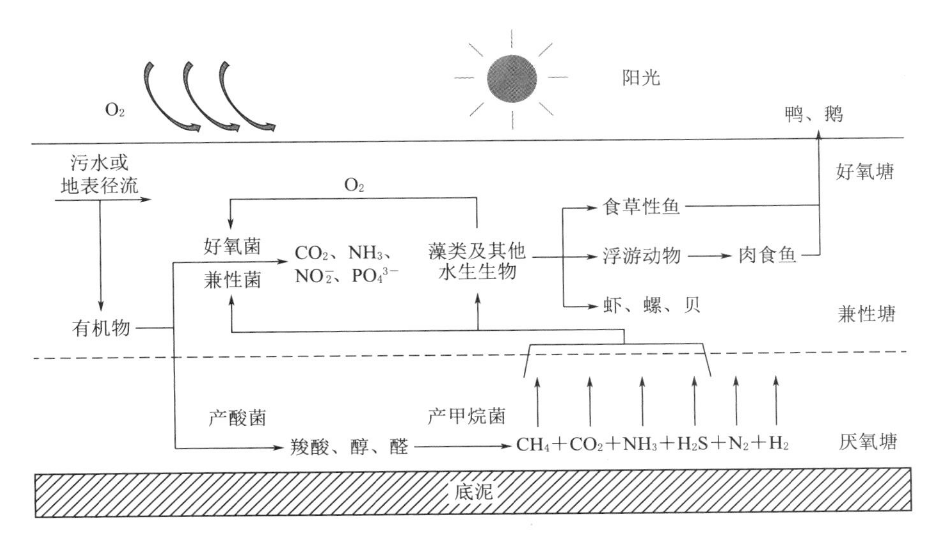

图3－2　生态塘系统运行原理

一个完整的生态塘系统由若干个功能和作用不同的塘所组成，如厌氧塘、兼性塘、曝气塘、好氧塘、生物塘、水生植物塘、养鱼塘、控制排放塘和储留塘，通过这些塘的不同组合形成多种多样的塘系统。完整的生态塘的典型处理流程如图 3－3 所示。

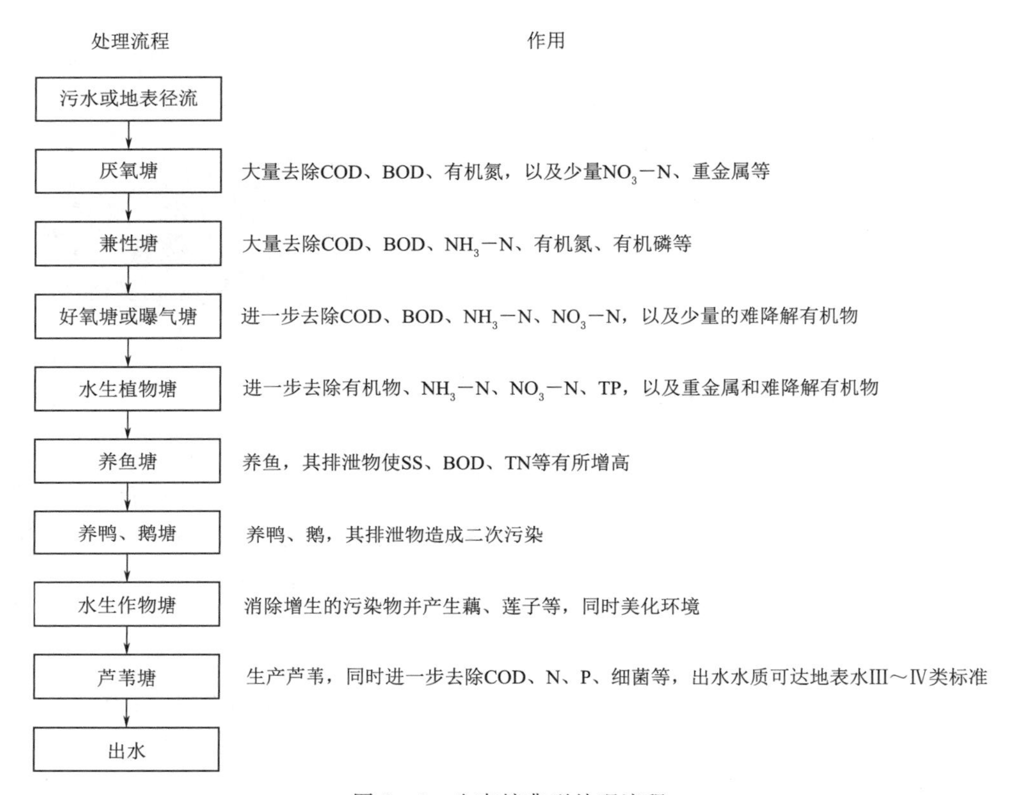

图 3－3　生态塘典型处理流程

生态塘作为一种接近自然的水质净化处理系统，可充分利用当地的废弃河道、水库、沼泽等，在建设上具有施工周期短、易于施工和基建费用低等优点。在实现污水资源化的同时，既节省了水资源，又获得了经济效益。除此之外，生态塘还具有无复杂的机械设备和装置、处理能耗低、运行维护方便、污泥产量少、污水处理的适应能力强等优点。但是，生态塘也具有占地面积大、易产生不良气味和滋生蚊蝇等缺点。

（3）植被缓冲带。土壤侵蚀过程的养分损失是土壤退化和非点源污染的直接原因。控制粒径小于 0.02mm 土壤细粒的流失是控制养分流失的关键。植物缓冲带是人工建立或恢复的植被走廊，通过滞缓径流、沉降泥沙、强化过滤和

增强吸附等功能来减少土壤颗粒流失，以降低N、P、稀有金属、有机质和病原体等的浓度。在这一过程中，包括沉积作用、过滤作用、吸附作用、物理化学作用和生物间的相互作用。植被缓冲带不仅能有效截留污染物，而且还可以提高植被覆盖率，增加生物多样性，改善区域环境，提高抗灾能力。

（4）人工湿地。人工湿地是人工建造的、可控制的和工程化的湿地系统，它是通过对湿地自然生态系统中的优化组合来达到污水处理的效果。它能有效处理多种废水，如城市废物水、农田退水、地表径流、垃圾渗滤液等，且能高效去除有机污染物、氮磷营养物、重金属、盐类和病原微生物等多种污染物；具有出水水质好，N、P去除效率高，运行维护管理方便，投资及运行费用低等特点。

1）人工湿地的类型。人工湿地因水流方式差异可分为表面流湿地、地下潜流湿地、垂直流湿地和潮汐流湿地等。作为低投资、低成本、低能耗的废水处理工艺，人工湿地适用于管理水平不高、水处理量不多、水质变化不大的城镇。

近年来，国内外对水平流（表面流、地下潜流）人工湿地或垂直流人工湿地的应用较多，还有少数复合流（如水平流-垂直流）人工湿地的案例。

人工湿地的核心技术是潜流式湿地。潜流式湿地一般由两级人工湿地串联，并与处理单元并联而成。湿地中根据处理污染物的不同而填有不同介质，种植不同种类的净化植物。水通过基质、植物和微生物的物理、化学和生物的途径共同完成系统的净化，对COD、SS、P、N、藻类、石油类等有显著的去除效率；此外，该工艺独有的流态和结构形成的良好的硝化与反硝化功能区对N、P、石油类的去除效果明显优于其他处理方式。潜流式人工湿地包括内部构造、布水与集水等系统。

潜流式人工湿地的形式分为垂直流潜流式人工湿地和水平流潜流式人工湿地，利用湿地中不同流态特点净化进水。经过潜流式湿地净化后的水质可达到地表水Ⅲ类标准，再通过排水系统排放。

在垂直流潜流式人工湿地系统中，污水由表面纵向流至床底，在纵向流的过程中污水依次经过不同的介质层，达到净化的目的。垂直流潜流式湿地具有完整的布水系统和集水系统，其优点是占地面积较其他形式湿地的小且处理效率高，整个系统可以完全建在地下，地上可以建成绿地景观。

在水平流潜流式人工湿地系统中，污水由进水口一端沿水平方向流动的过程中依次通过砂石、介质、植物根系，流向出水口一端，以达到净化目的。

还有一种沟渠型人工湿地，含植物、介质、收集等系统，主要对雨水等面源污染进行收集处理，通过过滤、吸附、生物化学等技术达到净化雨水及污水的目的，是当今小流域水质治理的范本。

综上可见，人工湿地主要由以下部分的全部或部分组成：底部的防渗层；由填料、土壤和植物根系组成的基质层；湿地植物的落叶及微生物尸体等组成的腐质层；水体层和湿地植物（主要是根生挺水植物）。例如，我国湖北省武汉市汉阳区城市面源污染控制多水塘人工湿地耦合系统由两个并联的系统组成，因地制宜地采用了多级水塘技术、不同流型的人工湿地技术、生物稳定塘技术，在系统上进行了集成。人工湿地在控制面源污染中得到了应用，并取得较好的处理效果，还改善了生态环境。复合流人工湿地系统对污水中的COD、SS、N、P等污染物具有较好的去除效果，除SS外，净化效果均比单一的湿地系统要好。因此，复合流人工湿地的处理效果与进水浓度有密切的联系，进水浓度越大，去除率越高。

2）常用的人工湿地水生植物。常用的挺水植物有芦苇、芦竹、水葱、灯心草、香蒲、菖蒲、笔草、莎草、伞草、苔草、水生美人蕉、富贵竹、茭白等；某些沉水植物、浮水植物也常被用于人工湿地系统，如凤眼莲、睡莲、浮萍、慈菇、菱角等；有些湿地系统甚至还用木本植物来处理废水。

美国大多数的潜流型人工湿地采用的是藨草、芦苇、香蒲，或者三种植物的组合，其中大约40%运行中的人工湿地采用的是藨草。由于芦苇的根系较发达，是具有较大比表面积的活性物质，生长可深入到地下0.6～0.7m，且具有良好的输氧能力，因此在欧洲的人工湿地系统中得到了广泛的应用，我国现有的大型湿地也多采用芦苇，但芦苇是一种蔓延速度很快的物种，一旦蔓延将很难得到控制，因此美国的有些州已开始禁止采用芦苇作为湿地植物。

水生植物的选择在人工湿地系统的设计与建设中具有举足轻重的作用，关系到人工湿地系统能否高效、稳定和长久运行，必须慎重选择。但由于植物受周围环境的影响很大，因此，人工湿地植物的选择要充分考虑地域条件、气候条件、污水水质以及湿地类型与功能等方面的差异，不能盲目套搬借用。此外，人工湿地污水处理技术还未完全成熟，一般需经过小试和中试等试验成功后，才能扩大到生产性规模。

3）人工湿地的特点包括以下方面：

a. 去除效率高。例如，人工湿地对 BOD_5 的去除率可达 85%～95%，COD_{Cr}的去除率可达 80%以上，对 N、P 的去除率分别为 60%和 90%（而城市污水处理厂对 N、P 的去除率分别仅为 20%和 60%）。

b. 投资、运行及维护费用低。一般湿地系统的投资和运行费用仅为传统城市污水处理厂的 1/10～1/2。

c. 适用面广。人工湿地不仅可用于以脱 N、除 P 为目的的三级处理，还可以直接用于污水的二级处理；不仅可以处理以耗氧有机物和 N、P 等营养元素为主的生活污水，而且可以处理以好氧有机物、重金属和油类为主的工业废水；不仅可以应用于集中点源的治理，还可用于农业面源污染、城市或公路径流等非点源污染的治理。

d. 耐冲击负荷强。采用人工湿地处理污水出水水质稳定，无论是对有机污染负荷还是对水力负荷在一定范围内的波动都有很好的适应性，而且其本身具有很好的扩充性，因此容易适应未来不确定的负荷生长。

e. 综合效益高。人工湿地污水净化工艺能充分地利用大自然的大型植物及其基质的自然净化能力净化污水，并在净化污水的过程中促进大型植物生长，增加绿化和野生动物栖息的面积，有利于促进良性生态环境的建设。此外，还可直接和间接提供水产、畜产、造纸原料、建材、娱乐和教育等效益，真正实现生态效益、环境效益、社会效益和经济效益的协调统一。

f. 人工湿地面临的主要问题，包括占地面积大、缺乏长期运行资料。设计参数不统一。生物和水力复杂性及对重要工艺动力学等协同性困难。易受病虫害影响等。正因如此，人工湿地的推广应用受到了限制。

3.3 河流综合治理技术

河流是人类文明的摇篮，为人类提供饮用水源和交通便利，同时也是生态系统的重要组成部分。由于污染物的大量排放及不合理的土地利用，致使许多河流受到污染，呈现出以好氧有机物为主要污染物、以水体黑臭为主要特征的污染现象，严重影响居民生活和工农业生产。此外，随着经济的快速发展、城市的扩张和人民生活水平的不断提高，水资源的需求量也越来越大，对河流的水质要求也越来越高，因此河流污染治理迫在眉睫。

治理污染河流是一项复杂的系统工程，目前国内外已投入使用的或经过试验的河道污水治理技术主要包括物理法、化学法和生物法三类。

3.3.1 物理法

1. 截污治污

截污治污是将原本直接排入城市河道的污水收集到污水处理厂处理后再排放。目的是削减排入受纳水体的污染物总量，为进一步净化水质创造条件。

特点：截污是从根本上解决河道水污染的关键，只有从源头上控制了污染物，才能真正改善河道水质。

局限性：实施难度大，需要法律手段和行政手段的协助。

2. 引水冲污

引水冲污主要是引清洁的江河水对城市河道进行冲刷，缓解其水质污染状况，提高河道自净能力。其过程主要是通过河闸和抽水泵房等水利枢纽工程来实现，让上游清洁的外水源往下游流动，形成“换水”。如上海苏州河的综合调水工程、福州内河的引水冲污工程等。

特点：加大了污染河道的水量，加速河水流动，促进污水的稀释，使河水在河道中的停留时间缩短，污染的河水不易在河道中滞留而导致黑臭；同时，调水时河道水动力学条件的改善使水体复氧量增加，有利于提高河道自净能力。

局限性：方法的实质是通过清洁水的大幅增加使污染物得到稀释，未减少河道的污染物总量，治标不治本；河道引水冲污工程本身不能产生经济效益，启动抽水泵站的运行费昂贵，必须考虑当地经济承受能力；需要提高水利枢纽的质量并疏浚河道，增加冲污效果。

3. 底泥疏浚

底泥疏浚是在水域污染治理过程中普遍采用的措施之一。这是因为底泥是水生态系统中物质交换和能流循环的中枢，也是水域营养物质的储积库和特殊的缓冲载体。在水环境发生变化时，底泥中的营养盐和污染物会通过泥—水界面向上覆水体扩散，尤其是城市湖泊和河道，长期以来累积于沉积物中的氮磷和污染物的量往往很大，在外来污染源存在时，这些物质只是在某个季节或时

期内会对水环境发挥作用，然而在其外来源全部切断后，则逐渐释放出来对水环境产生作用，包括增加上覆水体中的污染物含量和因表层底泥中有机物的好氧生物降解及厌氧消化产生的还原物质消耗水体溶解氧等，并在很长一段时期内维持对水环境的影响。因此，一般而言，疏浚污染底泥意味着将污染物从水域系统中清除出去，可以较大程度削减底泥对上覆水体的污染贡献率，从而起到改善水环境质量的作用。

外移内源污染物，这是底泥疏浚技术的主要作用。目前，疏浚技术主要包括工程疏浚技术、环保疏浚技术和生态疏浚技术等。就技术的成熟度和采用率而言，工程疏浚技术居首，环保疏浚技术是近年开发并且已进入大规模采用阶段的成熟技术，生态疏浚技术则是最近提出并且在局部实施的新技术。环保疏浚是以清除水域中的污染底泥、减少底泥污染物向水体释放为目的的技术，因此其效果明显优于工程疏浚技术，且有较高的施工精度，能相对合理地控制疏浚深度，较大幅度减少疏浚过程中的二次污染。生态疏浚是以生态位修复为目的的技术，工程、环境、生态相结合来实现河湖可持续发展，其特点是以较小的工程量最大限度地清除底泥中的污染物，同时为后续生物技术的介入创造生态条件。

然而，日本等发达国家的实践表明，就特定的水体而言，是否需要对其底泥进行彻底的疏浚，或者疏浚到什么程度，还需要进行细致周密的研究论证，并且应做到视区域的污染程度、性质和疏浚目的而定，不宜一概采用，因为大规模的底泥疏浚不但需要大量资金来支持，而且被清除的污染底泥的最终处理也是棘手问题。

特点：底泥疏浚因能将污染底泥永久性去除，有效减少内源污染，改善河道水体水质、河道水动力学条件和环境景观，多用于湖泊和小型河流。

局限性：①工程量大，投资巨大；②疏浚河道工程的环境后效存在很大的不确定性，可能会将深层底泥中富集的重金属等污染物质暴露出来而二次污染上覆水体；③由于淤泥清除过多，把大量的底栖生物、水生植物同时清除出水体，破坏已有的生物链系统；④淤泥的无害化处置困难。

4. 曝气复氧

曝气复氧技术是根据河流污染缺氧的特点，在适当的位置向河水进行人工复氧，提高水体的溶氧水平，恢复水体中好氧生物的活力，使水体自净能力增强，从而改善河流的水质状况。应用形式主要有固定式充氧站和移动式充氧平台两种。主要应用于过渡性措施使用和对付突发性河道污染使用。美国的Hamewood 运河口、韩国的釜山港湾、德国的 Berlin 河以及我国 1990 年 8—9 月在北京亚运会期间的清河段都采用了人工曝气技术，并都取得了水质净化、臭味消减的效果。

特点：设备简单、易于操作，被许多国家优先选用净化中小型河流，也有利于液体混合和污泥絮凝。

局限性：固定式充氧的每个曝气点服务面积小，尤其对于相对封闭、基本不流动的水体，不能充分发挥其作用。移动式充氧虽然避免了这个问题，但运行管理复杂。

扬水曝气装置如图 3－4 所示。

图 3－4 扬水曝气装置

3.3.2 化学法

化学法主要是通过投加化学制剂，与水中的污染物质发生化学反应，破坏其生物活性或溶解状态，从而达到消除污染物的目的。

1. 化学絮凝

化学絮凝技术是一种通过投加化学药剂（一般为混凝剂）去除水体中的污染物、改善水质的处理技术，适用于污染严重、较为封闭的地表水体。常用药剂有硫酸亚铁、氯化亚铁、硫酸铝、碱式氯化铝、明矾、聚丙烯酰胺、聚丙烯

酸等。影响絮凝效果的主要因素有水温、pH值、碱度、浊质颗粒浓度、有机物、混凝剂种类与投加量、混凝剂投加方式、水力条件等。

特点：对于控制污染河流内源磷负荷，特别是河流底泥的磷释放，有一定的效果。

局限性：该法同样不能将N、P等营养物质清除出水体，不能从根本上解决水体的富营养化；对水体环境要求较高，例如在除P时，若水底缺氧，底泥中有机物被厌氧分解，产生的酸环境会使沉淀的P重新溶解进入水中，造成二次污染。

2. 化学除藻

化学除藻是向富营养化水体投加除藻剂，通过混凝沉淀或化学氧化等方式快速去除水中的藻类。除藻剂可与构成微生物蛋白质的半胱氨酸的—SH基反应，使以—SH基为活性点的酶钝化，并可破坏某些藻类的细胞壁、细胞膜及细胞内含物而使其灭活甚至解体，从而杀灭活体藻细胞。目前常用的除藻剂有硫酸铜或含铜有机螯合物、氯、二氧化氯、高锰酸钾和臭氧等。

特点：化学除藻快速有效，可作为严重富营养化河流的应急措施；操作简单，可在短时间内取得明显的除藻效果，提高水体透明度。

局限性：该法治标不治本，不能将导致富营养化的营养元素清除出水体；由于生物富集和生物放大作用，除藻剂可能会对水生生态系统产生负面影响；经常投加除藻剂，会使藻类产生抗药性，从可持续的角度来看，其危害也是显而易见的。

3. 重金属的化学固定

底泥中的重金属在一定条件下会以离子态或某种结合态进入水体，但加入碱性物质（如石灰），调高河流的pH值，重金属会形成硅酸盐、碳酸盐、氢氧化物等难溶性沉淀物，固定在底泥中。常用的碱性物质有石灰、硅酸钙炉渣、铁渣等。

特点：见效快，方法简单，可有效抑制重金属以溶解态进入水体。

局限性：施用量不宜过多，否则会对水生生态系统产生不良的影响。

3.3.3 生物法

20世纪60年代，人们开始关注N、P等植物营养物质与浮游植物和初级生产力之间的定量关系。水生态学家发现，摄食、竞争和捕食等生物间的相互作用对水生生物种群和群落结构具有重要的调节作用，因而提出生物调控技术（Bio - manipulation），也称为食物网调控（Food - webmanipulation）。生态系统在长期的适应过程中形成了完整的结构、高效的功能和良好的种间关系。当外来的干扰超过生态系统的弹性限度时，生态系统的结构和功能就会被破坏，系统稳定性和生物多样性就会降低。生物方法就是通过人为调控水中动物、植物、微生物的数量，优化其与环境之间的关系，使受损害的生态系统恢复到受干扰前的自然状况，提高河流的自净能力，从而降低污染，改善水质，主要分为以下三类。

1. 植物修复

植物修复一方面可以利用庞大的根系，吸收 N、P 等营养物质，用以合成自身的组织结构；另一方面可以将对水生生物有毒害作用的某些重金属和有机物在脱毒后储存于体内或在体内降解。自然界可以净化环境的植物有 100 多种，常见的水生植物有水葫芦、浮萍、芦苇、灯心草、香蒲和凤眼莲等，如我国武汉东湖专门养育了 30 种水草，让水草吸收水中过多的营养。水草增加，藻类下降，形成了此长彼消的良性循环。通过放养鲢鱼、鳙鱼，并改变鱼类的群落结构，吞食导致水质污染的蓝藻，同时组织养殖野鸭等水生动物，初步形成一个有效的立体生态修复链。

特点：具有利用太阳能、安全、成本低、生态协调及环境美化等功能特点。具体工程中应该对水生植物的品种进行时间、空间上的组合，从而构成一个在时间与空间上立体交叉的人工生态系统，最终达到解决富营养化景观水内源污染的问题。

局限性：植物生长具有明显的季节性；有些水生植物（如水葫芦）繁殖速度太快，当打捞速度跟不上其生长速度时，易使大面积水面受其覆盖，阻止了水体复氧，降低水体的自净能力；植物生长过密引起蚊虫滋生，未打捞的水生植物腐烂物还会对水体形成二次污染；如果污染物在植物体内累积而不能降解，会导致植物的后处理发生困难。

城市河道生态修复如图 3 - 5 所示。

2. 动物修复

在水体中适当放养原生动物、后生动物、鱼类等，借助动物的摄食和同化

图 3-5　城市河道生态修复

作用，可有效去除水体中的污染物。如在长江口的生态修复中，选取了双壳贝类牡蛎作为重建生态系统结构的关键物种，其出发点主要有：

（1）水体净化功能。作为滤食性底栖动物，牡蛎能有效降低河口水体中的悬浮物、营养盐及藻类，并能在其软组织中累积大量的重金属离子。

（2）栖息地功能。牡蛎礁是具有较高生物多样性的海洋生境，它为许多底栖动物和鱼类提供了良好的栖息与摄食场所。

（3）能量耦合功能。牡蛎能将水体中大量颗粒物输入到沉积物表面，支持底栖碎屑生产。

又如通过投放沙蚕等物种，可以修复水生物栖息地的底质。沙蚕以动植物碎片和腐屑为饵，能利用泥沙中的蛋白质有效消耗底质中腐殖质。沙蚕自身的蠕动可以不断搅拌底质的氧化层和还原层，使低价重金属离子被氧化，溶解于海水，逐渐恢复底质的机械组成。

特点：水体中的原生动物可直接吸食有机颗粒物、细菌、藻类等，同时可刺激细菌和藻类生长，从而促进有机物的分解，加速水体中的物质和能量循环。适当放养经过选择的鱼类及浮游动物，可以有效控制藻类和其他水生植物繁殖。

局限性：放养外来生物如鱼类，如果处理不当可能破坏有益的水生植物，改变原有的动物或植物群落等，造成生态失衡。

3. 微生物修复

微生物修复主要是利用微生物的代谢反应和合成产物对环境污染进行监测、

评价及修复的单一或综合性的现代化人工技术系统。用于污染水体治理的微生物技术主要有以下方面：

（1）直接向污染水体中投放经过培养筛选的一种或多种微生物菌种，最常投放的微生物有光合细菌（PSB）和高效微生物群（EM）。各种微生物菌群在其生长过程中产生的有用物质，成为各自或相互生长的基质和原料，通过相互间的共生关系，形成一个复杂而稳定的微生态系统，发挥多种功能。

（2）生物促生技术，即通过向污染河流投放解毒剂减轻环境中的毒性或投加降解污染物的多种酶、营养物质、电子受体等，对自然界中污染物降解土著微生物起到促生作用，为之创造一个能顺利完成其自然降解功能的环境，强化污染环境的自净能力，加速对有机污染物的分解。

特点：净化费用低，环境影响小，污染物降解效果好，无二次污染。

局限性：微生物的繁殖速度惊人，一方面难以控制其数量；另一方面每一次繁殖都会产生一些变异品种，导致微生物处理水质能力下降。微生物的活性受温度、酸碱性等环境条件的影响较大；微生物的分解物会造成藻类的大量繁殖，再次导致水质变坏。

3.3.4 方法比较

各种河流治污方法的比较详见表 3-2。

表 3-2 各种河流治污方法比较表

<table>
<tr><th>分类</th><th>技术名称</th><th>适用类型</th><th>主要机理</th><th colspan="2">设备成本</th><th colspan="2">运行成本</th><th>效 果</th><th>维持时间</th></tr>
<tr><td rowspan="4">物理法</td><td>截污治污</td><td>点源污染</td><td>削减污染物排入总量</td><td colspan="2">高</td><td colspan="2">高</td><td>明显</td><td>长期有效</td></tr>
<tr><td>引水冲污</td><td>富营养化</td><td>直接改善河流水质</td><td colspan="2">一般</td><td colspan="2">高（需大量洁净外源）</td><td>不确定（依补水量而定）</td><td>不确定</td></tr>
<tr><td>底泥疏浚</td><td>严重底泥污染</td><td>移出河道内源污染物</td><td colspan="2">高</td><td colspan="2">很高</td><td>一般会破坏水体生态系统</td><td>较长时间</td></tr>
<tr><td>曝气复氧</td><td>严重有机污染</td><td>促进有机污染物降解</td><td colspan="2">高</td><td colspan="2">较高</td><td>明显</td><td>不长（需长期曝气）</td></tr>
<tr><td rowspan="2">化学法</td><td rowspan="2">化学絮凝</td><td rowspan="2">磷污染</td><td rowspan="2">将溶解态转化成固态</td><td rowspan="2">较高</td><td>循环设备</td><td rowspan="2">一般</td><td>耗电</td><td rowspan="2">较明显</td><td rowspan="2">短</td></tr>
<tr><td>加药装置</td><td>药剂费用</td></tr>
</table>

续表

<table>
<tr><th>分类</th><th>技术名称</th><th>适用类型</th><th>主要机理</th><th colspan="2">设备成本</th><th colspan="2">运行成本</th><th>效　果</th><th>维持时间</th></tr>
<tr><td rowspan="3">化学法</td><td rowspan="2">化学除藻</td><td rowspan="2">富营养化</td><td rowspan="2">直接杀死藻类</td><td rowspan="2">较高</td><td>循环设备</td><td rowspan="2">一般</td><td>耗电</td><td rowspan="2">较明显</td><td rowspan="2">短</td></tr>
<tr><td>加药装置</td><td>药剂费用</td></tr>
<tr><td>重金属的化学固定</td><td>重金属污染</td><td>抑制重金属从底泥溶出</td><td colspan="2">较高</td><td colspan="2">较高</td><td>较明显</td><td>短</td></tr>
<tr><td rowspan="3">生物法</td><td>植物修复</td><td>富营养化</td><td>提高河流生态系统稳定性</td><td colspan="2">需引种适合的水生生物</td><td colspan="2">极低</td><td>显著</td><td>长期有效</td></tr>
<tr><td>动物修复</td><td>富营养化</td><td>人为控制生物数量与密度</td><td colspan="2">需引种适合动植物</td><td colspan="2">不高</td><td>较明显</td><td>长期有效</td></tr>
<tr><td>微生物修复</td><td>有毒有害，难降解物质</td><td>投加高效菌种或生物促生剂</td><td colspan="2">无需</td><td colspan="2">较高（菌种费）</td><td>较明显</td><td>不长</td></tr>
</table>

物理法虽然简单、见效快，但是工程量大，耗财耗力，而且只是暂时性的，治标不治本，不是最理想的修复方法。

化学法即添加化学试剂，虽然短期效果明显，但存在处理成本高、可能对河流生态产生长期负面影响等问题，而且只是改变污染物的存在形态（从水相转移到另一种物相），但并未从根本上消除污染物。所以，仅适用于特殊的应急处理，难以成为河流水质净化的常规技术。

生物法具有显著的优越性。生物技术遵循河流生态系统的自然规律，在增强河道自净能力、治理河流污染的同时有助于河流生态的修复。并且生物技术因其净化费用低、环境影响小、污染物降解效果好，在污水处理中备受青睐。

总之，高效、无二次污染的微生物处理技术，尤其是对具有特殊分解能力菌种的培养和筛选将成为河流防治技术的发展趋势。随着研究的深入及技术产品的产业化，微生物技术将在河流的污染防治以及生态恢复中发挥重要的作用，成为河道曝气、底泥疏浚等现有防治技术的有益补充，为维护生态平衡、保持流域的可持续发展做出重大贡献。

3.3.5 河道景观建设

水景观是河流的窗口，重要性不亚于水质达标。伴随社会现代化的进程，人们对水域空间上的景观要求不断提高，改善河道空间景观，发掘和保存优秀的水文化已成为河道治理的又一重要部分。

1. 城市河道景观建设原则

（1）城市河道建设应遵循以人为本的原则。城市河道建设应从人的实际行为出发，充分重视人们亲水的需求，建设一个优美宜人的舒适环境，最大化地满足人们对文化景观休闲娱乐等多方面的要求。

（2）城市河道建设应坚持一切以自然生态为主的原则。进行河道建设时突出绿色环保，利用绿色植物的特性，通过营造特色的景观活动空间，以形成复杂多变的季节效果；同时可以充分运用植物的自然群落效应，通过改善其生态环境，达到为城市输送充足氧气的目的，使其成为“城市绿肺”，进而最大化地减缓城市的热岛效应。

（3）城市河道建设应坚持地方文化性的原则。不同的城市有不同的历史文化传统，因此河道景观设计要融入当地的文化内涵。一个成功的河道景观工程是实用性和美感兼具的工程，也应该是自然景观、人文景观、历史景观和现代景观的融合体。河道景观是城市空间的拓展，必须遵循地方性原则，“十年景观、百年风景、千年风土”是对地方文化性的最好阐述。当地的自然景观和人文景观是经过千万年的进化演替而形成的相对稳定的景观文化，是天人合一的综合体现。因此，人文河道景观设计要充分研究地方特色、挖掘地方文化，这是提升河道景观内涵的关键所在。当然，地方性和文化性体现在建筑风格、特色材料的应用、乡土植物保护和利用等方面，它们也是营建地方性和文化性的元素，特别对一些历史性遗址等的保护开发，继承和延续了历史的脉络，提高了城市的人文标识性魅力。

2. 城市河道景观建设方法

（1）加强城市河道入口景观设计。城市景观设计中，河道的设计规划很多体现在水利风景入口中，在入口处强调水利风景资源的特色能够给人一个标志性的感觉，而且能够很好地延续传统的地方文化。

（2）注重河道沿岸文化景观构建。河流是城市的遗产廊道，城市的历史与文化常常与城市河流密不可分，故事与古迹往往沿河道发生和留存。因此，对待沿岸历史遗产应该本着尊重历史、延续文脉、融历史教育于游憩的原则，把河道两岸的历史遗产进行详尽地研究、整理，并结合地块的整体规划进行保护、

改造和开发。在河道景观设计时，河道景观要讲究特色，其中尤其以文化的体现为重，于是河道景观如何体现文化成为人们关注的焦点。例如有些河道的遗址和传说典故等皆蕴含着文化的元素。

(3) 城市河道景观局部处理。对于河道景观的局部处理，可以利用园林装饰图案、标志，建筑物的门、窗、铺装等做点缀，以体现一个城市的传统文化；在城市河道景观设计中，河道两旁的园林景观或者水上景观都应呼应这一特色，如苏州园林里常见的祀字。另外，还有回旋图案漏窗、海棠窗花、祀字、松鹤长寿、暗八仙、云纹等，这些都能够很好地反映一个城市的地方传统文化，增添城市河道的人文气息。

3.4 河流综合治理实例

3.4.1 项目概况

杭州市江干区丁兰街道背靠皋亭山，坐拥杭州第一条人工河——上塘古运河，水网密布，共有主要河道 11 条，总长约 20.97km，水域面积 31.47 万 m^2。由于地处城乡结合部，以前的河道多为农灌渠，沿线遍布农居房和农田，污染源多，污染成分复杂，水污染比较严重。2014 年“五水共治”以来，结合城中村改造及城市地块开发，系统实施“截、通、清、建、治、配、绿、管”八大举措，全面改善了丁兰片区的河岸环境面貌，水质得到明显改善。此外，丁兰街道采用“设计—治理—养护”一体化的模式，对河道进行流域化、综合化、精细化治理，成为杭州市河道综合治理的典范。丁兰街道河网概况如图 3-6 所示。

3.4.2 总体思路

1. 流域联动，系统治水

作为典型的平原河网地区，丁兰街道是河流高度发育并受到城市化深刻影响的区域，主要特点如下：

(1) 河网密集，水流贯通，河网流向、流态不定。

(2) 河道主支流间层次复杂，与上游来水、外江水位密切相关。

(3) 河流流速平缓，水动力条件不足，水体自净能力较差。

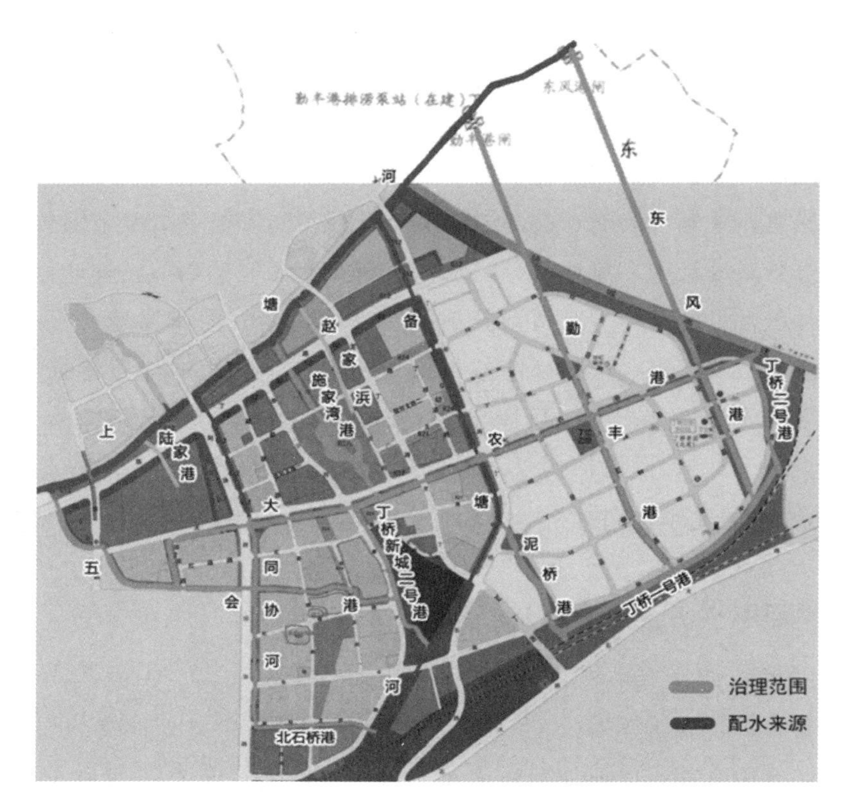

图 3-6 丁兰街道河网概况

(4) 区域人口密集，经济发达，大量工、农业废水和生活污水直接或间接排入河网水系。

(5) 河流多设闸、泵，或筑河堤防洪，人工干预强。因此，在丁兰街道综合治理时，统筹流域 11 条河道联动治理，整合“生态治理、配水泵站建设、河道清淤、入河污染控制、智慧指挥系统建设、河岸水环境综合利用”等六大治理手段。

2. 软硬兼施，精准修复

全面清淤是整治河道内源污染，修复河道生态功能较为彻底的手段。但是清淤会破坏原有的河道生态系统，需要在清淤后根据河道实际情况进行全面的生态修复。清淤对底泥生境及生物群落结构破坏最为明显，基于丁兰街道河道的生态系统特点，在清淤后应用“水下森林+生物操控”技术精准修复河道生态系统。在此基础上，通过排污口挂牌销号，杜绝污水入河，借助多相微滤装置，降低污染负荷，软硬兼施，巩固治理成果。

3.4.3 技术方案

丁兰街道共实施8条河道清淤8万m^3，生态治理11条河道19.8km，生态治理覆盖率达到94.4%。构建“水下森林”71546m^2，覆盖率22.7%。泥桥港、丁桥新城二号港均设置一套多相微滤设备（图3-7），实现日处理能力40000t。对20个排污口实施挂牌销号，杜绝污水入河。安装生态浮岛1134m^2，曝气装置107台。丁兰街道的河道综合治理技术方案，涵盖了“截污治污、底泥疏浚、曝气复氧、生物修复”等多维度、立体治理技术，是一个典型的流域化、综合化、精细化的综合治理方案，具有较大的借鉴价值。

图3-7　多相微滤装置

3.4.4 管理创新

河道综合治理最终的环节是管理，最难的环节也是管理。河长制是解决我国复杂水问题、维护河湖健康生命的有效举措，是完善水治理体系、保障国家水安全的制度创新。丁兰街道在落实河长制的基础上，充分听取沿河群众和基层社区的意见和建议，加强河长团队的执法力量，创新“河道执法长”制度，增设属地城管执法中队队员担任执法长，与河道警长联动，严查重罚涉河违法行为，形成“公安、城管、环保”三方联合的最严执法模式，有力保障了河道综合治理成果，建立了河道保护长效机制。

结合“智慧小镇”建设，丁兰街道打造了清水排涝智慧信息系统，实现“实时掌控河道、排水管网、闸泵站运行情况，远程智能控制闸泵站”的目标。截至目前，已在丁兰区域建成河道沿岸监控19个、在线水位监测点4处，实现了“科学治水、科学管水”。

3.4.5 治理成效

经过综合治理，丁兰区河道水质改善明显。100%的断面水质达到了地表水Ⅳ类水标准，50%的断面达到了地表水Ⅲ类水标准，10%的断面达到了地表水Ⅱ类水标准。除此之外，40%的观测断面已做到水清见底，河水透明度大幅提升。通过综合治理，初步建成了水草繁茂、水清见底、水质稳定的河道水生态系统。结合文化长廊、游步道、亲水平台、休闲垂钓点等河道周边设施建设，打造了“水清流畅、岸绿景美、功能健全、人水和谐”的美丽河道。

本案例对于城市河道的综合治理具有较好的借鉴意义，河道综合治理的精髓就在于围绕目标导向，抓系统治理；围绕问题导向，抓智慧建设；围绕责任导向，抓长效落实。丁兰街道河道治理成果如图3-8所示。

图3-8 丁兰街道河道治理成果

水体富营养化及其防治

4.1 水体富营养化的成因

4.1.1 水体富营养化的概念

水体富营养化是指在人类活动的影响下，生物所需的N、P等营养元素大量进入湖（库）、海湾等缓流水体，引起藻类及其他浮游生物迅速繁殖，水体DO下降，水质恶化，鱼类及其他生物大量死亡的现象。在自然条件下，湖泊也会从贫营养状态过渡到富营养状态，不过这种自然过程非常缓慢。而人为排放含营养元素的工业废水和生活污水所引起的水体富营养化则可以在短时间内出现。水体出现富营养化现象时，浮游藻类大量繁殖，在淡水水体中这一现象称为水华，而在海洋中则称为赤潮或红潮。

4.1.2 水体富营养化相关因素

富营养化条件指标包括三类，分别为化学指标、生物学指标和综合性指标。化学指标主要是水中的N、P浓度；生物学指标是基于物种多样性及群落特征的指标；综合性指标是指水体的营养状态指标。目前，基于N、P营养盐的判别标准和基于环境因子的判别标准是最典型的水体富营养化判别标准。

1. 营养盐（N和P）

水体富营养化发生过程中存在临界效应，即存在富营养化发生阈值。研究表明，当水体中TN高于2mg/L且TP高于0.8mg/L时，水体就具备了暴发水华的营养条件。如果其中一种营养元素没有达到阈值，则不会暴发水华。在地

表淡水系统中，磷酸盐通常是植物生长的限制因素；而在海水系统中，往往是 NH_3—N 和硝酸盐限制植物的生长以及总的生产量。引起水体富营养化的污染物质，往往是这些水系统中含量有限的营养物质。例如，在正常的淡水系统中 P 含量通常是有限的，因此增加磷酸盐会导致浮游植物的过度生长，而海水系统含有充足的 P，N 含量却是有限的，因而含氮污染物的加入就会消除这一限制因素，从而出现浮游植物的过度生长。生活污水，化肥生产、食品加工产生的工业废水以及农田尾水都含有大量的 N、P 及其他无机盐类。天然水体接纳这些废水后，水中营养物质增多，促使自养型生物旺盛生长，特别是蓝藻和红藻的个体数量迅速增加，而其他种类的藻类则逐渐减少。正常水体的藻类以硅藻和绿藻为主，蓝藻的大量出现是富营养化的征兆。随着富营养化的发展，最后蓝藻成为优势藻种。藻类及其他浮游生物死亡后被需氧微生物分解，不断消耗水中的 DO，或被厌氧微生物分解，不断产生 H_2S、CH_4 等气体，从两个方面导致水质恶化，造成鱼类和其他水生生物大量死亡。藻类及其他浮游生物尸体在腐烂过程中，又把大量的 N、P 等营养物质释放入水中，供新一代藻类利用。因此，发生富营养化的水体，即使切断外界营养物质的来源，水体也很难自净和恢复到正常状态。

水中过剩的 N、P 来源包括：

（1）生活污水的排放。在人们的日常生活中会产生大量的生活污水，生活污水中又含有大量的 N 和 P 的有机物，其中的 P 主要来自洗涤剂。城市生活中产生的大量生活垃圾，由于降雨等因素，原本存在于垃圾中的营养物质会伴随着雨水最终流入河流湖泊中，从而使水中的 N、P 元素增加。

（2）工业废水的排放。在工业、制造业大力发展的阶段，由于管理不到位，使得钢铁、化工、制药、造纸等行业产生的含有大量 N 和 P 的废水直接进入水体，进一步造成水体富营养化。个别企业由于技术与资源的原因，大部分工业废水只经简单处理，甚至未经处理就直接排入江河等水体中，许多废水中所含的 N、P 物质也就不断地在水体中累积下来。

（3）化肥、农药的使用。现代农业生产中，为促进植物生长，提高农产品的产量，人们常施用较多的氮肥和磷肥，这些极易在降雨或灌溉时随地表径流流入地面水体中或者下渗形成亚表面流，通过土壤的横向运动排入地表水体中，使水体的 N、P 含量增加，导致水体富营养化。

（4）养殖业粪便。在养殖业发达的地区会产生大量含有营养物和细菌的排泄物。这些污染物极易随地表径流、亚表面流流入中小河流、湖泊，对水体造成污染，从而引起水体富营养化。

2. 环境因子

营养盐仅仅是引起水体富营养化的重要物质基础，但并非唯一的决定性因素，水文和气象环境等条件同样是起关键性作用的环境因素。如果水文、气象、环境条件不适宜，即便营养盐含量充足，浮游植物仍旧无法正常生长繁殖。

影响水华发生的环境因子如下：

（1）物理因素，主要包括温度、光照条件、悬浮颗粒物、风浪干扰等。

（2）化学因素，主要指营养物的限制及相互转化。

（3）生物因素，主要指种群竞争和食物链控制等。

水温是影响浮游植物生长代谢的重要外部因素。藻类密度与水温之间有很好的相关关系，随水温变化呈指数增长趋势。当水温达到26～31℃时，藻类生物量达到最大值，因此25℃以上的水温条件可作为蓝藻水华暴发的一个预警参数。水体中的水动力条件与藻类的生长繁殖有着密切的关系，它们不仅能直接作用于藻类，还对水体中营养盐状况与水温层结构有明显的影响，并间接作用于水体富营养化。当流速较缓、流量适中时，浮游植物在适宜的营养条件下密度往往会显著增加，而在流速急、水量大的水体中藻类密度较小；在湖泊水库，由风场所形成的扰动不仅会导致局部出现大量的水藻，且能发现藻类生长快于静水水体的情况。

4.2 水体富营养化的风险评估

4.2.1 风险评估的目的

目前，水体富营养化的评价大多停留在对于当前水体营养状态的评价，要想对水体进行有效的管理，需要预测未来的富营养化风险，从而确定水体富营养化发生的可能性及危害性，为控制水体富营养化以及相关管理决策提供依据。但是水体富营养化成因复杂，预测分析存在很大难度。由于氮磷营养盐是水体富营养化发生的重要物质基础，基于水质预测的富营养化风险评估方法是目前的主流思路。

4.2.2 风险评估的内容

1. 风险评估的定义

风险是面临伤害或损失的可能性。而自然灾害风险是在一定区域和给定时段内，由于某一自然灾害而引起的人民生命财产和经济活动的期望损失值。风险的定量表达，即风险度，是基于对风险定义的理解而得来的。因而自然灾害风险的数学表达式为

$$风险度=危险度\times易损度$$

危险度反映了灾害的自然属性，是灾害规模和发生概率（频率）的函数；易损度反映了灾害的社会属性，是承灾体人口、财产、经济和环境的函数；风险度是灾害自然属性和社会属性的结合。

2. 危险度评估

水华灾害危险度评估是指通过对孕灾环境因子和致灾因子的分析，评估研究区水华灾害发生的可能性及发生强度的大小，即评估灾害发生水域遭受水华灾害发生的可能性高低及水华的强度大小，用危险度来表示。它包括致灾因子危险度评估、孕灾环境因子危险度评估两方面内容。

（1）致灾因子危险度评估。致灾因子危险度评估是指通过对致灾因子的分析，评估研究区水体水华可能发生的强度，用致灾因子危险度来表示。致灾因子危险度越高，水华发生的强度越大；致灾因子危险度越低，水华发生的强度越小。

（2）孕灾环境因子危险度评估。孕灾环境因子危险度评估是指通过对孕灾环境因子的分析，评估研究区水体水华灾害发生概率高低，用孕灾环境因子危险度来表示。孕灾环境因子危险度越高，水华发生的概率就越大；孕灾环境因子危险度越低，水华发生的概率就越小。

3. 易损度评估

易损度评估是指对承灾体因子遭受水华灾害破坏机会的多少与发生损毁的难易程度的评估，用易损度来表示。在承灾体因子中，影响灾害后果的直接要素是：灾害危害范围内承灾体因子的种类、数量，不同承灾体对不同种类、不同强度水华灾害的承灾能力和可能损毁程度以及灾后的可恢复性。在同等灾害规模条件下，承灾体的数量越多，承灾体对灾害的抗御能力和可恢复性越差，

灾害造成的破坏损失越严重。易损度所要表征的正是这些对灾害结果具有直接影响的承灾体特征。

4.2.3 水体富营养化风险分区评估方法（以太湖为例）

1. 太湖蓝藻水华灾害风险评估指标体系构建

参考赤潮灾害风险评估指标体系，结合分析评估概念，构建多层次蓝藻水华评估指标体系，见表 4-1。目标层为蓝藻水华风险评估指标体系，准则层为危险性指标、易损性指标和脆弱性指标，指标层为评估时选取的具体指标。

表 4-1　　太湖蓝藻水华灾害风险评估指标体系

目标层	准则层		指标层
蓝藻水华风险评估指标体系	危险性指标	历史灾害危险性指标	历史灾害密度
			历史灾害规模
		潜在危害危险性指标	湖区沿风向所处位置
			湖区封闭程度
			Chla 浓度
			TN 浓度
			TP 浓度
			水生植物覆盖面积百分比
	易损性指标		饮用水水源地影响人口
			经济损失
	脆弱性指标		影响人口占区域百分比

危险性指标包括历史灾害危险性和潜在危害危险性指标。历史灾害危险性指标主要包括历史灾害密度和历史灾害规模。潜在危害危险性是预测蓝藻水华灾害发生和程度的自然属性。采用 Chla 浓度、TN 浓度和 TP 浓度进行潜在危害性评价，由于该指标相对简单，主要集中于水环境因子，故在此基础上，增加了风向和水生植被的指标。构建指标体系主要包括湖区沿风向所处位置、湖区封闭程度、Chla 浓度、TN 浓度、TP 浓度和水生植物覆盖面积百分比。

在灾害风险评估中，受灾害危害对象的数量、密度、价值称为易损性条件。易损性指标包括人口易损性指标和经济易损性指标，其中人口易损性指标主要为饮用水水源地影响人口；经济易损性指标即经济损失，包括直接经济损失和间接经济损失，其中直接经济损失包括生活用水损失和旅游损失，间接经济损失为灾后救援投入。

脆弱性表示受灾区社会或环境受蓝藻水华灾害影响的程度，主要指蓝藻水华灾害影响人口占区域百分比。

2. 太湖蓝藻水华灾害风险分区评估

(1) 评估单元划分。根据人口、行政区划、地形等因素将太湖分为9个湖区，如图4-1所示。

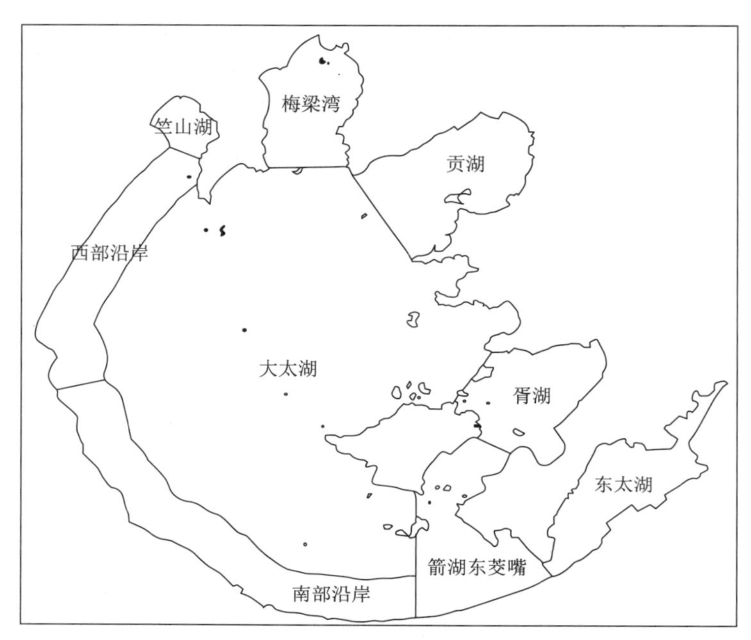

图4-1 太湖分区示意图

(2) 指标含义包括以下方面：

1) 历史灾害密度和规模。历史灾害密度指各湖区平均蓝藻水华灾害发生次数，单位为次/年；历史灾害规模指平均蓝藻水华面积占湖区百分比。根据灾害评估方法，分别对近几年灾害进行统计。

2) 湖区沿风向所处位置。按照湖泊分区沿夏季盛行东南风向所处位置分为3类，分别进行打分。不同湖区所处位置赋值见表4-2。

表4-2 不同湖区所处位置赋值

湖 区	湖区位置	赋 值
梅梁湾、竺山湖、西部沿岸	西北区	5
贡湖、大太湖、南部沿岸	中部区	3
胥湖、东太湖、箭湖东菱嘴	东南区	1

3）湖区封闭程度。湖区封闭程度是指湖区岸线长度与湖区面积圆形周长之比，无量纲。

4）Chla 浓度、TN 浓度、TP 浓度。以 2004—2008 年 Chla 浓度、TN 浓度和 TP 浓度为基础，计算各湖区该指标平均浓度，单位为 mg/L。

5）水生植物覆盖面积百分比。以 2007 年夏季水生植物覆盖面积为基础，计算各湖区覆盖面积所占百分比，无量纲。

6）饮用水水源地影响人口。指蓝藻水华发生后影响的人口数量，单位为万人。

7）经济损失。指受蓝藻水华灾害影响，导致水厂停水而造成的居民生活用水增加成本、旅游损失和灾后减灾救灾投入，单位为万元。

8）影响人口占区域百分比。指受蓝藻水华发生影响饮用水水源地人口占区域总人口百分比。

（3）指标权重的确定。通过对指标两两比较，构造判断矩阵，通过计算一致性检验值，确定各准则层及指标层内各指标的单排序权重值，太湖蓝藻水华灾害风险评估指标权重见表 4－3。其中，危险性指标权重一致性检验值 $CR=0.0037$，易损性、脆弱性和风险综合评估指标权重的一致性检验值 $CR=0.0000$，根据计算结果 $CR<0.10$，说明权重的计算具有可信性。在危险性指标、易损性指标和脆弱性指标中，通过层次分析法进行分析并经过一致性检验，3 个指标的权重分别为 0.4906、0.3289 和 0.1805。危险性指标表示蓝藻水华灾害发生的可能性，其权重最大，表明一旦蓝藻水华灾害发生，其可能造成较大的人口和经济影响。

表 4－3　太湖蓝藻水华灾害风险评估指标权重

目标层	准则层	指标层
太湖蓝藻水华风险评估指标体系（1.0000）	危险性指标（0.4906）	历史灾害密度（0.1289）
		历史灾害规模（0.1289）
		湖区沿风向所处位置（0.1166）
		湖区封闭程度（0.1166）
		Chla 浓度（0.1654）
		TN 浓度（0.0931）
		TP 浓度（0.0931）
		水生植物覆盖面积百分比（0.1574）

续表

目标层	准则层	指标层
太湖蓝藻水华风险评估指标体系（1.0000）	易损性指标（0.3289）	饮用水水源地影响人口（0.5987）
		经济损失（0.4013）
	脆弱性指标（0.1805）	影响人口占区域百分比（1.0000）

3. 太湖蓝藻水华灾害风险评估

根据太湖蓝藻水华灾害风险评估方法，以太湖 9 个湖区为评估单元，评估各湖区蓝藻水华灾害的危险性、易损性和脆弱性，在此基础上进行风险综合评估，为预防和减轻蓝藻水华灾害提供理论基础和科学依据。

（1）危险度评估。根据风险评估方法，对太湖蓝藻水华灾害危险性进行分区评估，各湖区危险度评估见表 4－4。

表 4－4　太湖蓝藻水华灾害危险度评估

项　目	竺山湖	西部沿岸	梅梁湾	南部沿岸	贡　湖	大太湖	胥　湖	箭湖东茭嘴	东太湖
历史灾害密度	0.5959	1	0.8219	0.661	0.4418	0.976	0	0.0100	0
历史灾害规模	1	0.9067	0.8027	0.568	0.4133	0.2213	0	0.0600	0
湖区沿风向所处位置	1	1	1	0.5000	0.5000	0.5000	0	0	0
湖区封闭程度	0.2141	0.1446	0.3746	0.205	0.3358	0	0.5230	0.4400	1
Chla 浓度	0.8768	1	0.4709	0.3134	0.2224	0.206	0.0050	0	0.0094
TN 浓度	1	0.6176	0.7421	0.2146	0.2607	0.2385	0.0510	0.0400	0
TP 浓度	1	0.6362	0.7689	0.2589	0.2629	0.2468	0.0370	0.0200	0
水生植物覆盖面积百分比	1	1	1	0.6783	0.9521	0.9456	0.8087	0.3335	0
H（危险性）	0.8360	0.8189	0.7457	0.4433	0.4431	0.4408	0.1974	0.1188	0.1182
排序	1	2	3	4	5	6	7	8	9

根据评价结果可知，竺山湖和西部沿岸危险性指数最大，分别为 0.8360 和 0.8189，为极重危险性；梅梁湾居第 3 位，危险性指数为 0.7457，为重度危险性；南部沿岸、贡湖和大太湖危险性指数分别为 0.4433、0.4431 和 0.4408，三者危险性相差不大，为中度危险性；胥湖、箭湖东茭嘴和东太湖最小，危险性指数分别为 0.1974、0.1188 和 0.1182，为轻微危险性。

竺山湖、西部沿岸和梅梁湾危险性最大，南部沿岸、贡湖和大太湖居中，

胥湖、箭湖东茭嘴和东太湖最小，太湖各湖区危险性指数排序基本与湖区沿风向所处位置一致。夏季盛行东南季风，蓝藻水华在湖区西北部聚集，危险性沿风向在西北部最大，东南部最小，说明夏季风向对蓝藻水华灾害危险性具有重要作用。胥湖、箭湖东茭咀和东太湖水生植物覆盖面积百分比最大，减小了蓝藻水华发生概率；因此这3个湖区危险性指数最小，基本无蓝藻水华灾害风险。

（2）易损度评估。根据风险评估方法，对太湖蓝藻水华灾害易损性进行分区评估，各湖区易损度评估见表4-5。

表4-5　太湖蓝藻水华灾害易损度评估

湖　区	人口易损性（饮用水源地影响人口）	经济易损性（经济损失）	易损度评估	排　序
贡湖	1	0.7676	0.9067	1
梅梁湾	0	1	0.4013	2
南部沿岸	0.0000	0.9866	0.3959	3
胥湖	0.6322	0	0.3785	4
竺山湖	0	0.7356	0.2952	5
大太湖	0	0.5009	0.2010	6
西部沿岸	0	0.5009	0.2010	7
东太湖	0.2652	0	0.1588	8
箭湖东茭嘴	0.0000	0	0	9

各湖区中，贡湖、东太湖和胥湖3个湖区作为饮用水水源地具有一定的人口易损性，在2007年之后，梅梁湾不再作为重要饮用水水源地，因此该湖区人口易损性指数为0。在经济易损性指标中，经济损失结合各湖区受不同类型灾害影响概率来计算，因此，对于蓝藻水华灾害发生概率相近的湖区经济易损性指数相近。东太湖、胥湖和箭湖东茭嘴由于无蓝藻水华灾害发生，该湖区经济易损性指数为0；梅梁湾和南部沿岸经济易损性指数较大，经济易损性指数分别为1和0.9866；贡湖和竺山湖分别为0.7676和0.7356；大太湖和西部沿岸由于造成的经济损失相同，经济易损性指数皆为0.5009。

通过对太湖各湖区易损度评估，贡湖易损性最大，易损性指数为0.9067，为极重易损性；其次为梅梁湾，易损性指数为0.4013，为中度易损性；南部沿岸、胥湖、竺山湖、大太湖易损性指数分别为0.3959、0.3785、0.2952和0.2010，为轻度易损性；东太湖较小，为0.1588，为轻微易损性；箭湖东茭嘴易损性指数为0。

（3）脆弱度评估。根据风险评估方法，对太湖蓝藻水华灾害脆弱度进行分区评估，各湖区脆弱度评估见表4-6。

表4-6　　太湖蓝藻水华灾害脆弱度评估

湖　区	脆弱性指标湖区（影响人口占区域百分比）	脆弱度评估	排　序
胥湖	1	1	1
贡湖	0.9089	0.9089	2
东太湖	0.3789	0.3789	3
西部沿岸	0.0176	0.0176	4
南部沿岸	0.0091	0.0091	5
梅梁湾	0.0091	0.0091	6
大太湖	0.0018	0.0018	7
箭湖东茭嘴	0.0011	0.0011	8
竺山湖	0	0	9

通过对太湖各湖区脆弱性评价，胥湖、贡湖和东太湖3个湖区脆弱性较大，分别为1、0.9089和0.3789；其他湖区的脆弱性较小，都小于0.1。

太湖9个湖区中，由于胥湖、贡湖和东太湖3个湖区属于水源地，水源供给人口较多，因此影响人口占区域百分比相对较大，这3个湖区脆弱性较大；其他湖区由于影响人口的统计主要为湖区1km范围内人口，并无水源地影响人口，因此，脆弱性较小。

（4）风险综合评估。根据风险评估方法，对太湖蓝藻水华灾害风险进行分区评估，各湖区风险综合评估见表4-7。

表4-7　　太湖蓝藻水华灾害风险综合评估

湖　区	危险性	易损性	脆弱性	综合评估	排　序
贡湖	0.4527	1	0.9089	0.7150	1
竺山湖	1.0000	0.3256	0	0.5977	2
梅梁湾	0.8742	0.4426	0.0091	0.5761	3
西部沿岸	0.9762	0.2217	0.0176	0.5550	4
胥湖	0.1103	0.4174	1	0.3719	5

续表

湖区	危险性	易损性	脆弱性	综合评估	排序
南部沿岸	0.4530	0.4367	0.0091	0.3675	6
大太湖	0.4494	0.2217	0.0018	0.2937	7
东太湖	0	0.1751	0.3789	0.1260	8
箭湖东菱嘴	0.0008	0.2217	0.0011	0.0006	9

通过对太湖各湖区蓝藻水华灾害风险综合评估，贡湖风险综合指数为0.7150，为重度风险区；竺山湖、梅梁湾和西部沿岸风险综合指数分别为0.5977、0.5761和0.5550，为中度风险区；胥湖、南部沿岸和大太湖风险综合指数分别为0.3719、0.3675和0.2937，为轻度风险区；东太湖和箭湖东菱嘴最小，风险综合指数分别为0.1260和0.0006，为轻微风险区。

在各湖区综合风险评价中，由于贡湖作为太湖重要饮用水源地，供水人口最多，并且该湖区存在蓝藻水华灾害危险性，可能引起一定的人口影响和经济损失，风险程度最大。竺山湖、梅梁湾和西部沿岸3个湖区蓝藻水华灾害发生的危险性最大，尽管易损性和脆弱性较小，但其综合风险评分仍然较高，分居各湖区第2、第3和第4位，为中度风险区。胥湖因其是饮用水源地，供给人口较多，易损性和脆弱性较大，但其在该湖区蓝藻水华灾害发生的危险性较小，综合评分也相对较高，为轻度风险区。南部沿岸和大太湖存在一定的蓝藻水华发生危险性，但其易损性和脆弱性较小，风险综合评分也相对较小，为轻度风险区。东太湖和箭湖东菱嘴位于太湖东南部，水质较好，植被覆盖率较大，并且无蓝藻水华发生危险性，综合风险指数较小，为轻微风险区。

4.3 水体富营养化的危害

水体富营养化的危害主要表现在以下方面：

（1）水变得腥臭难闻。藻类的过度繁殖，使水体产生霉味和臭味。其中一些藻类能够散发出腥臭异味，特别是藻类死亡分解腐烂时，经过放线菌等微生物的分解作用，使水藻发出浓烈的腥臭，向湖泊四周的空气扩散，直接影响人们的正常生活，同时大大降低了水体的质量。

（2）降低水的透明度。在富营养化水体中，以蓝藻、绿藻为优势种类的大量藻类浮在水面，形成一层浮渣，使水质变得浑浊，透明度明显降低，水体感官性状大大下降。

（3）消耗水中的 DO。一方面富营养化水体表层生长着大量的藻类，使得阳光难以透过藻类进入水体深层，并且阳光在穿射过程中因被藻类吸收而衰减，深层水体的光合作用受到限制，使 DO 来源减少；另一方面，藻类死亡后不断向水体底部沉积，不断地腐烂分解，也会消耗深层水体大量的 DO，严重时可能会使深层水体的 DO 消耗殆尽而呈厌氧状态，使得需氧生物难以生存。

（4）向水体释放有毒物质。藻类能释放生物毒素——藻毒素（Algae Toxins），这些类次级代谢产物严重危害人类和其他生物的安全。淡水中蓝绿藻属（Cyanobacteria，Blue－green Algae）分泌产生的蓝藻毒素是目前已经发现的污染范围最广，研究最多的一类藻毒素。其中微囊藻毒素－LR（Microcystin－LR）是目前已知的毒性最强、急性危害最大的一种淡水蓝藻毒素。微囊藻毒素-LR 是一组环状七肽，结构式如图 4－2 所示。其在水中的溶解度大于 1 g/L，化学性质稳定。这种毒素是肝癌的强烈促癌剂，半致死剂量（LD_{50}）为 50～100μg/kg。世界卫生组织（World Health Organization，WHO）推荐的饮水中的藻毒素标准为 1.0 μg/L。

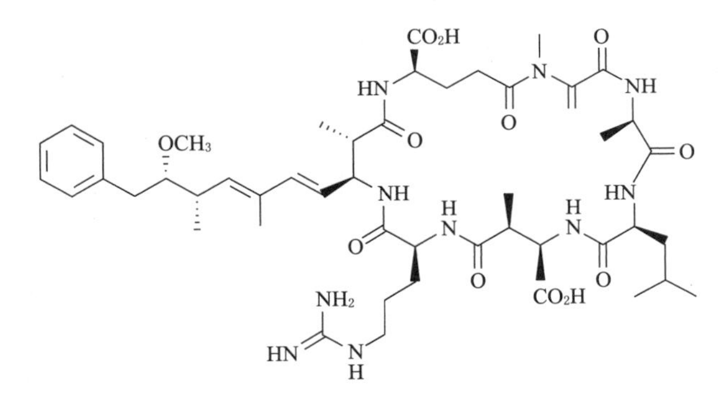

图 4－2　微囊藻毒素－LR 结构式

（5）破坏水生生态。水体受到污染而呈现富营养状态时，水体正常的生态平衡就会受到扰动，引起水生生物种群数量的波动，使某些生物种类减少、另一些生物种类增加等，导致水生生物的稳定性和多样性降低。

（6）影响供水水质。饮用水水源地发生富营养化时，会给市政供水带来一

系列问题，增加处理难度，不仅加大了运行费用，还可能减少产水量，降低供水水质。

4.4 水体富营养化的防治

4.4.1 管理措施

1. 控制外源性营养输入

针对不同地区，首先应确定导致该区域富营养化的源头污染，并对其实时监测，以便规范管理并且制定突发事件应急处置预案以应对突发事件的发生。

2. 加快内源性营养消耗

污水处理厂在运行时，首先针对特定的营养源提供特殊的处理环境来保证活性污泥的高活性，同时注重及时排泥。其次是针对突发情况，采取一定的物理、化学等辅助措施来实现脱氮除磷。

3. 完善城市污水处理体系建设

建设之初应该考虑好未来发展问题，一方面是考虑人口、城镇发展带来的污水负荷增长；另一方面则是考虑突发情况下，例如大量外来污水对污水处理厂正常运营负荷的冲击，或污水处理厂运营出现问题，导致大量未处理的污水直接排入非自然水体。

4.4.2 防治方法

防治技术分为物理法、化学法和生物/生态法三大类。其中技术名称包括底泥疏浚、曝气复氧、生态调水、化学除藻、絮凝沉淀、重金属的化学固定、微生物强化、植物净化、生物膜等，见表4-8。

表4-8 水环境治理与生态修复技术分类及其适用范围

技术分类	技术名称	选用污染水域范围	主要作用
物理法	底泥疏浚①	严重底泥污染	外移内源污染物
	曝气复氧②	严重有机污染	促进有机污染物降解
	生态调水	富营养化，有害无毒污染	通过稀释作用降低营养盐和污染浓度，改善水质

续表

技术分类	技术名称	选用污染水域范围	主要作用
化学法	化学除藻	富营养化	直接杀死藻类
	絮凝沉淀	底泥内源磷污染	将溶解态磷转化为固态磷
	重金属的化学固定③	重金属污染	抑制重金属从底泥中溶出
生物/生态法	微生物强化	有机污染	促进有机污染物降解
	植物净化	富营养化、复合性污染	污染物迁移转化后外移
	生物膜	有机污染	促进有机污染物降解

① 详见3.3.1节。
② 详见3.3.1节。
③ 详见3.3.2节。

1. 生态调水

生态调水是在敏感水域普遍采用的水环境污染治理措施。生态调水的目的和方法是通过水利设施（闸门、泵站等）的调控，引入污染水域上游或附近的清洁水源冲刷稀释污染水域，以改善其水环境质量。

生态调水的实际作用主要体现在：

（1）将大量污染物在较短时间内输送到下游，减少了原区域水体中的污染物的总量，以降低污染物的浓度。

（2）调水时改善了水动力的条件，使水体的复氧量增加，有利于提高水体的自净能力。

（3）使死水区和非主流区的污染水得到置换。

生态调水技术属于物理法分类技术，通过稀释作用降低营养盐和污染浓度，改善水质。但生态调水技术的物理方法是把污染物转移而非降解，会对流域的下游造成污染，所以，在实施前应进行理论计算预测，确保调水效果和承纳污染的流域下游水体有足够大的环境容量。

2. 化学除藻

河道湖泊中，藻类的危害主要有：产生异味，影响水体景观和水质；产生有毒有害物质，危害动物和人体健康；消耗大量DO，降低生物多样性；影响净水工艺等危害。因此，需要对河湖中的藻类进行清除。

藻类细胞体型微小、比重小，能长期悬浮于水体中，且细胞表面带有一定的负电荷，这些性质决定了藻类细胞与胶体有一定的相似性，因此可以采用混凝沉淀法去除藻类。用化学混凝法去除藻类是目前国内外使用最多，也是相对成熟的技术，具有杀藻速度快、效果明显的优点。

混凝剂是化学混凝法的核心，可分为有机、无机和微生物混凝剂三类。有机混凝剂通常毒性较大，价格偏高；无机混凝剂具有原料易得、工艺简单、无毒或低毒和廉价等优点，因此在混凝剂的开发中占有极其重要的地位；微生物混凝剂的寻找、培养乃至工业化难度很大。由于离子价态高，压缩双电层更有效，所需的混凝剂量少，所以传统的混凝剂多用 Al^{3+} 和 Fe^{3+} 。主要包括无机低分子化合物，如硫酸铝、硫酸铁、氯化铁；无机高分子化合物，如聚合氯化铝、聚合氯化铁、聚合硫酸铝、聚合硫酸铁、聚合氯化铝铁、聚硅氯化铝、聚硅氯化铝铁。

但是，受到水温、pH 值以及天然物质等因素的影响后，混凝剂和藻细胞表面结构和电荷发生变化，混凝过程会受到一定的影响。尽管预氧化过程会改变藻细胞表面结构，并刺激其分泌出类似非离子或阴离子型电解质，能强化后续混凝效果，但某些条件下传统混凝剂的除藻效果并不理想。因此，对混凝剂进行改性处理和开发复合混凝剂成为研究的重点。

例如，冬季水温低、浊度低，普通无机混凝剂如 PAC（聚合氯化铝）和 PFS（聚合硫酸铁）的混凝效果较差，对微污染原水中的有机物、藻类和悬浮物的去除效果不够理想，研究开发高效复合型混凝剂，已成为水处理材料领域内的发展方向之一，一般包括改性黏土沸石类、无机和有机复合药剂、生物型复合混凝剂以及一些纳米磁性复合混凝剂等。

3. 絮凝沉淀

絮凝沉淀技术主要针对水体中 P 的去除，通过投加沉磷剂，将溶解态的 P 转化为固态的 P。

化学除磷是通过化学沉析过程形成磷酸盐沉淀而完成的，是自然界磷酸盐沉析的人为强化。自然界的 P 来源于磷酸盐岩石、沉积物、鸟石和动物化石，经过天然侵蚀或人工开采，以磷酸盐的形式进入水体或土壤，由此构成了磷酸盐沉析。而化学除磷是向污水中人为投加除磷试剂（金属盐药剂），与污水中溶解性的 P（磷酸盐）混合后，形成颗粒状、非溶解性的难溶沉淀物而从水中析出的过程。常用的除磷试剂有铁盐，常用的沉磷化学药剂有三氯化铁、硝酸钙、明矾等。投加这些药剂，与水中的 P 结合，絮凝沉淀进入底泥。当水底缺氧时，底泥中有机物被厌氧分解，产生的酸环境会使沉淀的 P 重新溶解进入水中，加入适量的石灰可增加磷酸钙的稳定度，同时调节底泥pH值达7.0～7.5，以达到除P的目的。如果加入足量的硫酸铝，则底泥表层还会覆盖一层厚3～6cm含$Al(OH)_3$的污泥层，钝化底泥中的P。

传统的化学除磷工艺是在生物除磷的基础上辅以化学沉淀除P，但依旧无法克服化学污泥产量大、P资源难以回收利用的弊端。为了解决这些问题，许多研究者对吸附法除P工艺和结晶法除磷工艺进行了大量的研究。

吸附法除磷工艺：吸附法利用某些多孔或大于表面积的固体物质对水中的磷酸根离子的亲和力来实现污水除P。通过在吸附剂表面的物理吸附、离子交换或表面沉淀作用，将P从污水中分离出来，再通过一定的手段回收P资源。除P吸附剂一般分为天然吸附剂和合成吸附剂，其中天然吸附剂有粉煤灰、钢渣、沸石、凹凸棒、海泡石、活性氧化硅等；合成吸附剂有Al、Mg、Fe、Ca和La等多种金属的氧化物及其盐类。

结晶法除磷工艺：通过控制一定的反应条件，使废水中的P以磷酸铵镁（$MgNH_4PO_4 \cdot 6H_2O$、鸟粪石、MAP）或羟基磷酸钙［$Ca_5(PO_4)_3OH$、HAP］的结晶形式从废水中去除，并能作为P资源加以利用。在结晶法除磷的过程中，废水中的P在晶种上以晶体的形式析出，理论上不产生污泥，不会造成二次污染。

4. 微生物强化

微生物强化技术是指通过向传统的生物处理系统中引入具有特定功能的微生物，提高有效微生物的浓度，增强对难降解有机物的降解能力，提高其降解速率，并改善原有生物处理体系对难降解有机物的去除效能。

当河流污染严重而又缺乏有效的微生物作用时，需要强化微生物对污染物的降解作用。目前采用途径主要有两类：一是直接向黑臭水体投加有修复功能的微生物复合菌剂；二是利用载体固定功能微生物，强化微生物对黑臭水体的修复功能，提高修复效果的稳定性。目前，应用于黑臭河道治理的微生物菌剂主要包括美国的Clear-Flo系列菌剂、LIMO生物活性液、日本的有效微生物菌群（EMD）、光和细菌、硝化细菌等。吴光前等将“科利尔”活菌净水剂固定在具有特殊结构的生物带上，配合水体曝气技术进行黑臭水体治理研究，底泥厚度降低80%以上，底泥COD去除率达93%，上清液COD去除率达70%，上清液NH_3—N去除率达到95%。华东师范大学和上海徐汇区环保局应用美国Probidic Solution公司的生物促生剂在徐汇区上澳塘的一段河道内进行试验，结果

表明：微生物促生剂对消除水体黑臭、增加水体 DO 作用显著且迅速，不仅 COD 迅速下降，主要微生物类群由厌氧型向好氧型演替，水体的生物多样性不断增加。

5. 植物净化

植物净化技术属于生物/生态法分类技术。相对于物理法和化学法，生物/生态修复技术的提出较晚，而其发展仅仅是近十多年前才开始的，尤其是植物净化技术是近年来才开始得到重视。植物净化技术的最大优点是可以通过植物的吸收吸附作用，降解、转化水体中的有机污染物，继而通过收获植物体的形式将有机污染物从水域系统中清除出去，因此，可以达到标本兼治的效果。与此同时，植物的存在为微生物和水生动物提供了附着基质和栖息场所。某些植物的根系能分泌出克藻物质，达到抑制藻类生长的作用，庞大的枝叶和根系成为自然的过滤层，能截获大量的悬浮物质等，对水生生态系统的物理、化学以及生物特性也能产生重要影响。完整的水生生态系统包含种类及数量恰当的生产者、消费者和分解者，具体地说包括水生植物和鱼、螺、虾、贝类、大型浮游动物等水生动物，以及种类和数量众多的微生物和原生动物等。其中，水生植物是水生生态系统中的初级生产者，其不仅是水体食物网的重要成员，同时在水体溶氧供应、营养循环中起到重要作用，而且作为水体结构角色，还为其他水生动物提供生存空间和产卵栖息地。

水生植物技术用于生态修复阶段，其主要作用为：净化微污染的水体，即通过其吸收吸附作用，降解、转化水体中的有机污染物，使水质得到进一步改善；作为水生生态系统的主要成员为其他生物的生存、繁衍提供场所和食物。水生植物尤其是其中的浮叶和沉水植物在污染严重的水体中因生境条件不具备，因此难以成活，而修复水生生态系统时有水生植物的介入，生态系统就能修复。

6. 生物膜

生物膜是指微生物（包括细菌、放线菌、真菌及微型藻类和微型动物）附着在固体表面生长后形成的黏泥状薄膜。生物膜技术即为水体有益微生物生长提供附着载体，提高生物量，使其不易在水中流失，保持其世代连续性；载体表面形成的生物膜，以污水中的有机物为食料加以吸收、同化，因此对水体中的污染物具有较强的净化作用。可作为生物膜载体的材料很多，其中人工水草（各类生物填料、生态基的统称）具有高比表面积、水草型设计、独特编制技术、表面附着性强和耐磨损等特点，在国内外河流、湖泊生态修复中应用广泛。

国外已有工程实例，运用多种生物膜技术对污染严重的中小河流进行净化，并获得了良好的净化效果和大量行之有效的工艺参数，其中日本野川的砾间接触氧化净化场是采用砾间接触氧化法净化河水的典型工程。

砾间接触氧化法是以卵石为填料，在其表面形成生物膜，再利用生物膜对河水进行净化。其净化作用主要包括：

（1）接触沉淀。污水经过卵石与卵石间的空隙时，水中的漂浮物接触到卵石上附着的生物膜后就会沉淀。

（2）吸附。污染物自身的电子性质或卵石表面生物群体分泌的黏性物质引起吸附。

（3）氧化分解。卵石表面附着的生物群体能把污染物质作为营养物质吞噬，然后再分解成水和二氧化碳排出。

4.5 河流湖库水体富营养化控制实例

4.5.1 鄱阳湖水体中硝态氮与 NH_3—N 的转化去除

1. 工程概况

湖泊是人类赖以生存的重要资源，是自然界最富生物多样性的生态景观和人类最重要的生存环境之一，具有巨大的环境功能和效益，在蓄洪防旱、控制污染、调节气候、美化环境等方面具有其他系统不可替代的作用。湖泊水体富营养化是由多种原因共同作用的结果，以 N、P 为主的营养盐被公认为是其中重要的影响因子，且水体中各种 N、P 赋存形态相互转变，难以从单一因子考虑降低水体富营养程度，N、P 的迁移转化规律成为研究焦点。

鄱阳湖是我国最大的淡水湖，是长江干流重要的调蓄性湖泊，湿地面积广，成为冬季候鸟的理想栖息地。然而由于气候变化和人类活动的影响，经由五大河流注入的 N、P 营养物质在鄱阳湖汇集，超出水体的自净能力，导致水体中 N、P 含量逐步上升，部分湖区 N、P 含量甚至已经达到了富营养化水平。

目前关于富营养化的研究都集中于理化因子与 Chla 的相关性，而很少有人探讨理化因子之间的转化规律。降低甚至消除湖泊富营养化，掌握 N、P 各赋存形态的相互转化规律尤显重要，能为富营养化的治理提供科学的理论依据。以鄱阳湖的硝氮和 NH_3—N 为研究对象，旨在找出“两氮”的适合转化条件，为 N

的消除提供理论基础。

2. 样品采集与分析

鄱阳湖是一个过水性、吞吐型、季节性的浅水湖泊，于2010年1月（枯水期）、4月（平水期）、7月（丰水期）、10月（平水期），利用GIS布点结合实地考察，在五大河流入湖口、鄱阳湖入长江口、湖中间及边缘定点采集水样，采样点如图4-3所示。利用HACH便携式现场分析仪对样品水温、pH值、DO、TDS等水质常规参数进行现场测定。采回的样品根据国标在24h内分别采用紫外分光光度法［《水质 硝酸盐氮的测定 酚二磺酸分光光度法》（GB/T 7480—1987）］测定硝氮、纳氏试剂比色法［《水质 氨氮的测定 纳氏试剂分光光度法》（HJ 535—2009）］测定NH_3—N、碱性过硫酸钾消解紫外分光光度法［《水质 总氮的测定 碱性过硫酸钾消解紫外分光光度法》（HJ 636—2012）］测定总氮、重量法［《水质 悬浮物的测定 重量法》（GB 11901—1989）］测定SS、分光光度法［《水质 浊度的测定》（GB 13200—1991）］测定浊度、钼酸铵分光光度法［《水质 总磷的测定 钼酸铵分光光度法》（GB 11893—1989）］测定TP、碘量法［《水质 溶解氧的测定 碘量法》（GB/T 7489—1987）］测定BOD_5、高锰酸盐法［《水质 高锰酸盐指数的测定》（GB 11892—1989）］测定COD_{Mn}等。

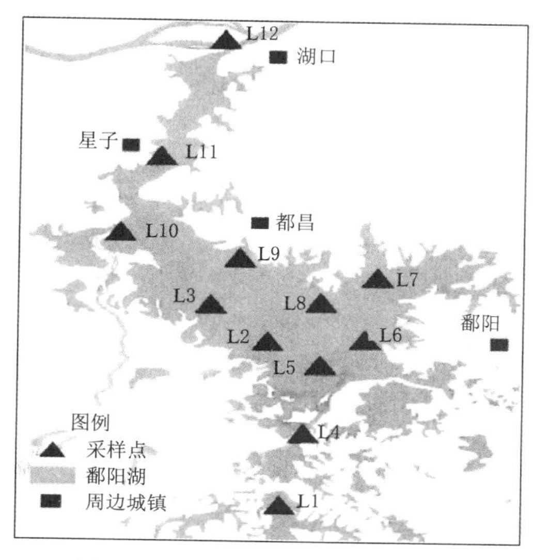

图4-3 鄱阳湖水质采样布点图

3. 灰色关联分析法

灰色关联分析法的基本思想是根据序列曲线几何形状的相似程度来判断其联系是否紧密。曲线越接近，相应序列之间的关联度就越大，反之就越小。通过灰色关联分析法可分析出在一个抽象系统中所包含的多种因素，并判断出哪些是主要因素，哪些是次要因素；哪些因素对系统发展影响大，哪些因素对系统发展影响小。分析步骤如下：

（1）确定参考数列和比较数列。设$X_0=\{x_0(k)\mid k=1,2,3,\cdots,n\}$为参考数

列（母数列）；$X_i=\{x_i(k)|k=1,2,3,\cdots,n\}$，（$i=1, 2, \cdots, m$）为比较数列（子数列）。分析数据，若差异较大应首先进行归一化处理。

（2）求关联系数数列。比较数列的所有指标对应于参考数列的所有指标的关联系数为

$$\zeta_i(k)=\frac{\min\limits_i[\Delta_{i(\min)}]+0.5\max\limits_i[\Delta_{i(\max)}]}{|x_0(k)-x_i(k)|+0.5\max\limits_i[\Delta_{i(\max)}]} \tag{4-1}$$

其中 $$\Delta_i=|x_0(k)-x_i(k)|$$

式中 Δ_i——第 k 个指标 X_0 与 X_i 的绝对差；

ζ——分辨系数，取值范围为0～1，一般取0.5。

根据式（4-1）可求出 $x_i(k)$ 与 $x_0(k)$ 的关联系数，即 $\zeta_i(k)=\{\zeta_i(k)|k=1,2,3,\cdots,n\}$。

（3）计算各断面关联系数 $\zeta_i(k)$ 及与比较数列所对应的参考数列各关联度 r_i。

一般用算术平均值，即

$$r_i=\frac{1}{N}\sum_{k=1}^{N}\zeta_i(k) \tag{4-2}$$

（4）依据关联度大小进行排序。关联度越大，说明参考数列与比较数列的关系越密切，根据关联度最大原则，对结果做出综合评价。

4. 硝氮与 NH_3—N 的时空分布规律

鄱阳湖水体中 NO_3^- 与 NH_4^+ 含量存在明显的季节性。如图4-4所示，NO_3^-、NH_4^+ 与TN浓度变化均呈现先下降后上升的特征，即：枯水期浓度>平水期浓度>丰水期浓度。这与鄱阳湖的季节性吻合：枯水期五河来水量小，湖面收缩，而进入鄱阳湖的点、面源污染却没有减少，使得枯水期N含量普遍较高；进入丰水期，五河来水丰富，加上长江倒灌进入鄱阳湖的水量，使得水体的污染物得到极大的稀释，浓度较低。N在水中的形态有 NO_3^-、NH_4^+、NO_2^- 和有机态氮，由图可以看出，TN含量几乎等于 NO_3^- 含量与 NH_4^+ 含量的加和，可见鄱阳湖水体中亚硝酸氮和有机氮的含量较低，鄱阳湖水体中N元素主要以 NO_3^- 和 NH_4^+ 的形式存在。

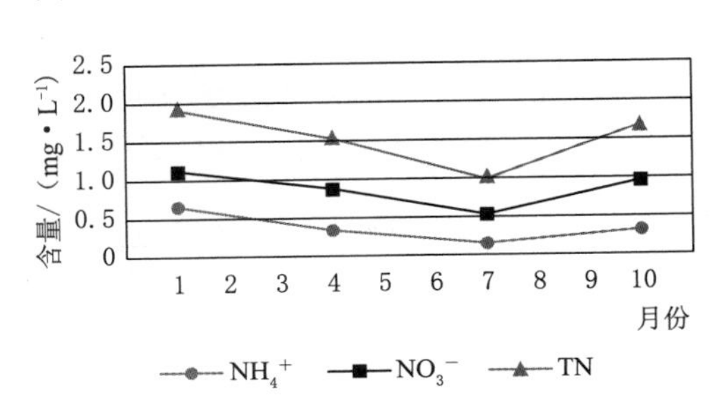

图4-4 NO_3^- 与 NH_4^+ 含量随时间变化图

鄱阳湖中 NO_3^- 与 NH_4^+ 的浓度比例变化见表 4-9，不同地区 NH_3—N/硝酸盐氮比值变化较大，但主要趋势是：入湖口＞湖区＞出湖口。在赣江入湖口（L2）、饶河入湖口（L6）由于 NH_4^+ 浓度明显高于湖区，所占比值也有所增大，如点 L2，在 4 次采样中 NH_3—N/硝酸盐氮比值分别为 44.7%、61.52%、38.18%、75.18%，均高于当月平均值的 43.58%、25.28%、34.7%、40.2%。从鄱阳湖上游到出湖口，NH_4^+ 由于不稳定且易被转化为 NO_3^-，含量呈逐渐下降的趋势，NO_3^- 含量先减小后又逐渐增大，如 L9 位于都昌附近，港口货运量较大，排污较多，而且那一带地区采砂盛行，搅动底泥释放出底泥中吸附的 N，人为因素使水中 N 含量异常偏高。

表 4-9　NO_3^- 与 NH_4^+ 空间含量

月　份	项　目	入湖口	湖　区	出湖口
1	NO_3^-/(mg·L^{-1})	1.1001	1.0063	1.6783
	NH_4^+/(mg·L^{-1})	0.6883	0.6177	0.5329
	NH_3—N/硝酸盐氮	0.5964	0.5254	0.3175
4	NO_3^-/(mg·L^{-1})	0.8457	0.8039	1.3911
	NH_4^+/(mg·L^{-1})	0.4607	0.1409	0.3526
	NH_3—N/硝酸盐氮	0.4951	0.1640	0.2534
7	NO_3^-/(mg·L^{-1})	1.0016	0.5661	1.2137
	NH_4^+/(mg·L^{-1})	0.1519	0.1232	0.0347
	NH_3—N/硝酸盐氮	0.2907	0.2342	0.0286
10	NO_3^-/(mg·L^{-1})	0.5571	0.9096	1.3474
	NH_4^+/(mg·L^{-1})	0.1726	0.1998	0.1512
	NH_3—N/硝酸盐氮	0.3236	0.3339	0.1122

5. 影响 NO_3^- 和 NH_4^+ 相互转化的因子

影响湖泊水体中 NH_4^+、NO_3^- 的相互转化因素较多，如氧化环境、水温、酸碱度、微生生物的作用等。根据灰色关联计算分析发现，影响鄱阳湖中 NO_3^- 和 NH_4^+ 相互转化的影响因子较多，关联度分布在 0.66～0.75。在诸多影响因素中，浊度的影响最大，与 NH_3—N/硝酸盐氮比值的关联度达到了 0.7449，其次是 Cl^- 和水温，相比而言，DO 的影响作用则要小一些，关联度只有 0.6683，见表 4-10。

表 4－10 常规水质参数与 NH_3—N/硝酸盐氮比值的关联度

项 目	1月	4月	7月	10月	平均值
浊度	0.7321	0.7578	0.7785	0.7111	0.7449
Cl^-	0.7043	0.8421	0.7667	0.6002	0.7283
水温	0.7285	0.7377	0.7723	0.6467	0.7213
SO_4^{2-}	0.6872	0.7135	0.7907	0.6440	0.7088
BOD	0.6566	0.7580	—	0.7034	0.7060
SS	0.6438	0.7505	0.8049	0.6242	0.7059
pH 值	0.7160	0.7325	0.7338	0.6046	0.6967
TDS	0.6428	0.7722	0.7176	0.5960	0.6821
COD	0.6065	0.7384	0.7233	0.6435	0.6779
TP	0.6471	0.7370	0.6306	0.6792	0.6734
DO	0.6527	0.7029	0.7394	0.5784	0.6683

6. 浊度的影响

鄱阳湖水体浊度范围为 4.9～87.3g/L，在浊度小于 48.7g/L 时，随着浊度的不断增加，NH_3—N/硝酸盐氮值呈逐渐上升趋势；当浊度大于 48.7g/L 时，浊度的增加引起 NH_3—N/硝酸盐氮值的下降。水中含有的泥土、粉砂、有机物、无机物、浮游生物和其他微生物等悬浮物和胶体物质，都可以使水体呈现浊度，而泥沙可以吸附污染物，促进生物降解，提高水体的自净能力。鄱阳湖水体中含有很多悬浮物质，浊度较大，其物质成分主要为黏土颗粒，具有较大的表面能，且带负电荷，对 NH_4^+ 有强烈的吸附作用，使悬浮颗粒成为 NH_4^+ 的主要载体之一；与此同时，NH_4^+ 在悬浮颗粒微界面进行复杂的物理、化学反应，是水体中的 NH_4^+ 浓度降低的重要原因。另外，鄱阳湖水体中浮游生物种类多、数量大，浮游植物大量摄取硝酸盐氮作为营养物质，经光合作用合成自身有机物。当水中浊度较低时，随着悬浮物质和浮游生物的增多，硝酸盐氮被大量吸收，导致 NH_3—N/硝酸盐氮值升高；然而随着浊度的继续增大，进入水体的光照强度减小，浮游植物吸收速率减慢，而此时悬浮物质对 NH_4^+ 的吸附速率继续增大，最终导致 NH_3—N/硝酸盐氮值降低。

7. Cl^- 的影响

鄱阳湖水体中 Cl^- 浓度大部分位于 3.3～20mg/L。只有部分水体 Cl^-

浓度超过 20mg/L，根据 origin 8.5 曲线拟合显示，随着 Cl^- 浓度增加，NH_3—N/硝酸盐氮比值逐渐上升。Cl^- 是细胞必需的离子之一，然而，当 Cl^- 浓度高于 300mg/L 时，则会引起细胞中毒；在正常的允许范围内，随着 Cl^- 浓度增大，能提高细胞的生理活动。鄱阳湖水体中 Cl^- 浓度不大于 45mg/L，随着 Cl^- 浓度的增大，水生植物细胞活动增强，对 NO_3^- 的吸收作用加强，导致水体中 NH_3—N/硝酸盐氮比值升高。

8. 水温的影响

如图 4-5 所示，鄱阳湖水温变化为 5.8～33.2℃。随着水温的增加，NH_3—N/硝酸盐氮比值出现了两个峰值，一个在 9.6℃，另一个在 27.4℃。N 是绝大多数自养生物的营养盐，在水体中水生植物（包括浮游植物）对营养物质的循环起着非常重要的作用，但植物的形态、生物量、植物生理等均受到外界温度的影响，不同植物的生长发育均有适宜的温度范围，这对植物吸收矿质营养显得尤为重要。在低温（<10℃）阶段，此时鄱阳湖处于枯水期，湖泊水体受五大河流污染物输入的影响，NH_4^+ 浓度较高，并且此时大部分水生植物已枯萎死亡，在微生物的分解作用下产生较多的 NH_4^+，使得 NH_3—N/硝酸盐氮比值较高；随着温度上升，水体微生物开始活跃起来，加快了硝化反应速度，从而使水体中 NH_4^+ 浓度下降而硝酸盐氮浓度增加，此时 NH_3—N/硝酸盐氮值呈下降趋势。但是随着水温的继续上升，水生植物生长逐渐旺盛起来，硝酸盐氮作为营养盐被大量吸收，硝酸盐氮含量急剧下降，NH_3—N/硝酸盐氮比值呈上升趋势，当超过 27.4℃后，由于温度升高抑制酶的活性，对 NO_3^- 的吸收逐渐减少，因此 NH_3—N/硝酸盐氮比值又呈下降趋势。

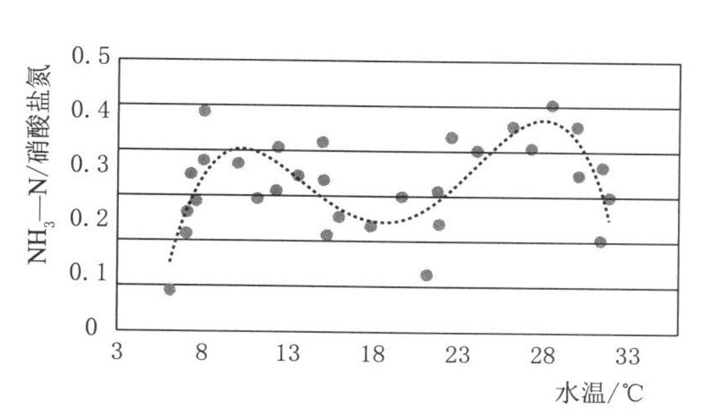

图 4-5 水温对 NH_3—N/硝酸盐氮比值的影响

9. 结论

（1）鄱阳湖水体中 N 的赋存形态主要以 NO_3^- 和 NH_4^+ 为主，NH_3—N/硝酸盐氮比值除入湖口受河流中 NH_4^+ 含量高的影响，在湖泊主水体中其值均较低（比值小于 0.5），即在鄱阳湖氮素中 NO_3^- 占主体。

（2）根据对鄱阳湖不同时期、不同地点的采样分析可以发现，在浊度为

48.7g/L 左右时，NH_3—N/硝酸盐氮比值最大，水体对 NO_3^- 的去除能力更强；随着 Cl^- 浓度的增加，NO_3^- 浓度逐渐降低，NH_3—N/硝酸盐氮比值升高；当水温在 20～27.4℃时，NH_4^+、NO_3^- 均降低，且 NO_3^- 的降低趋势更大。因此，当鄱阳湖水体浊度为 48.7g/L，Cl^- 浓度较大，水温在 20～27.4℃时，水体对 NO_3^- 的去除能力较强。

4.5.2 杭州西湖底泥疏浚工程

1. 工程概况

西湖的治理历史，就是一部清淤史。特别是 1949 年以来，杭州市政府就将治理西湖作为城市建设项目之一，并先后进行了三次大规模疏浚工程。

第一次疏浚于 1951—1958 年由西湖疏浚工程处实施。疏浚前湖水深度 0.55m，蓄水量仅 300 余万 m^3。疏浚采用全程机械化操作，工艺流程为：挖泥船挖泥—泥驳运泥—拖轮拖带泥驳至吹泥船—将淤泥加水制成泥浆吹送—经输泥管道排入堆土区。最后挖出淤泥 719 万 m^3，湖水平均深度达到 1.81m，最深处达 2.6m，蓄水量增加至 1000 万 m^3。最后淤泥填往太子湾公园及环湖周围，填平昭庆寺周围、清波公园、学士桥、汪庄、张苍水墓的四周及 18 处环绕西湖的洼地。

第二次疏浚于 1976—1982 年由西湖疏浚工程处实施。疏浚前上游溪流泥沙入湖堆积，湖水深度降至 1.47m。疏浚采用液压绞吸式挖泥船挖泥—吸泥管输送至泥沙物料堆积场。疏浚后挖出淤泥 18.84 万 m^3，湖水深度上升至 1.5m 以上，淤泥堆往太子湾公园和黄龙饭店的洼地。

至 20 世纪末，西湖水域水质富营养化严重，透明度降低，底泥平均深度 0.5m。清淤前，西湖污泥有明显的分层现象，分为表层、中层和底基层。表层为流动与半流动污泥，夏季流动性更强，称“香灰泥”，比重 1.05，含水量 93%，搅动后不易沉淀，影响水的透明度，是污染水体的元凶；中层为软泥层，有可塑性，比重 1.15，含水量 85%；底基层为硬泥，有强黏性，为原土层，对水质基本无负效应。中、表层污泥有鱼腥臭味，含有丰富的有机质。

第三次清淤于 1999—2003 年由西湖水域管理处实施，设计目标主要是清除中、表层污泥，清淤量统计见表 4-11。

表 4-11　　西湖湖泥厚度及数量

项目		湖区					合计
		外湖	西里湖	北里湖	小南湖	岳湖	
面积/万 m^2		441	76	34	9	7	567
平均泥层厚度/m		1.05	1.09	1.21	0.67	1.13	1.06
淤泥量/万 m^3		563.05	82.34	41.14	6.03	7.91	600.97
流动淤泥	平均厚度/m	0.30	0.23	0.34	0.22	0.20	0.29
	淤泥量/万 m^3	132.3	17.43	11.56	1.98	1.40	164.67
软泥	平均厚度/m	0.42	0.49	0.50	0.42	0.73	0.45
	淤泥量/万 m^3	189.63	37.24	17.00	3.78	5.71	252.76

2. 工程设计

(1) 疏浚过程。在机械设备方面，疏浚过程采用“环保型”疏浚技术，采用全封闭、长距离接力管道输送，用一根长 10m 多、直径 44mm 的吸管，将含固率 10%～15%的泥浆吸入水上浮管（最长不超过 400m）和水下沉管（最长可达 2000m），再沿 3.2 km 长的陆上输泥管，输送到江洋畈堆泥场，经过自然沉淀后，将上层含泥量小于 1%的湖水转入西湖引水管道重返西湖。

(2) 淤泥处置。选择了西湖南山与钱塘江北岸之间的江洋畈为这次疏浚一期工程的淤泥堆放场地，库容 100 万 m^3。淤泥堆晒多年后，把昔日的淤泥库打造成 21 世纪杭州西湖生态公园新典范。经过努力，形成了美丽的江洋畈湿地公园。在整个过程中，有很多独具特色的做法，具体如下：

1) 整治过程中完整地保留了原生态植被。

2) 在补种的植物选择上，全部选用原生品种。醉霞般的金鸡菊、飘逸的狼尾草、波浪般的红蓼、红果点点的接骨木、野趣自然的波斯菊等，与在西湖淤泥中自然生长出来的柳树浑然一体。

3) 公园里的房屋、道路建设都是以生态为前提，路面大部分采用砂石路，园内基础设施的承重材料都为可回收材料。

4) 通过工程技术措施埋设管道收集雨水、补充土壤水分，有意识地引导山体汇水入园，更新湿地水体，最大限度保障了湿地水源、容量、区域的流动机制和水质健康，形成良好的水体生态循环。

3. 成效分析

本次疏浚西湖底泥 267 万 m^3，疏浚后湖水深度达到 2.15m 以上。湖底

0.5m 的流动层和软泥层被吸除，平均水深达到 2.27m，透明度突破 0.6m，水体库容量增至 1429 万 m^3，营养盐浓度降低，水质得到改善。

在疏浚后，除 TN 含量超过Ⅳ类水质指标外，其他指标均达到Ⅳ类水体的要求，整体水质得到改善。SD、SS、COD_{Mn}、BOD、TN、NH_3—N、硝酸盐氮、TP、DP、Chla 等指标均有不同程度的改善。疏浚前后主要水质指标的变化见表 4-12。

表 4-12　　疏浚前后主要水质指标的变化　　单位：mg/L

阶　段	SS	COD_{Mn}	BOD	TN	TP	DP	NH_3—N	Chla	TOC
疏浚前	26.76	6.63	5.04	2.37	0.123	0.014	0.69	0.099	9.82
疏浚后	18.60	5.25	3.80	2.18	0.084	0.012	0.45	0.063	8.58

通过修正的卡尔森指数（Tropic State Index，TSI）法计算，得出各子湖疏浚前后的营养状况指数，其改善程度各不相同。北里湖的 TSI 指数改善幅度最大，外湖变化较小，平均 TSI 指数下降 3.03。TSI 指数的变化充分反映出西湖湖区的营养状况在疏浚后得到一定程度的改善，说明本次底泥疏浚工程有助于控制西湖水质富营养化和进一步改善。通过主要水质指标和营养状态指数的变动，可以明确疏浚前后西湖湖区的状态变化，以及底泥疏浚工程对改善水体富营养化所起到的积极作用。疏浚前后西湖各子湖的 TSI 指数变化见表 4-13。

表 4-13　　疏浚前后西湖各子湖的 TSI 指数变化

湖　区	年份	TSIM（Chla）	TSIM（SD）	TSIM（TP）	TSI
小南湖	1999	61.28	68.60	63.48	66.04
	2003	57.47	65.09	65.41	62.66
西里湖	1999	75.68	78.42	70.91	74.67
	2003	70.39	73.38	66.58	70.12
岳湖	1999	73.77	75.21	71.40	73.31
	2003	71.32	76.09	71.51	72.97
北里湖	1999	75.12	81.93	77.54	79.73
	2003	73.32	78.90	71.42	74.55
外湖	1999	75.42	77.91	71.31	74.61
	2003	71.26	77.41	70.10	72.92
全湖平均	1999	72.36	76.41	70.93	73.67
	2003	68.75	74.17	69.00	70.64

通过本次西湖底泥疏浚工程，表层沉积物的营养物质含量均有不同程度的降低，减轻了西湖的内负荷；与此同时，有效改善了西湖水体富营养化，营养状况指数开始好转；浮游植物现存量大幅度削减。以上三个关键环节的变化，充分证明西湖疏浚工程对其的生态效应是积极可观的，对深化改善以及修复生态环境有十分重要的意义。

4.5.3 后横港河富营养化原位修复技术

1. 工程概况

后横港河位于杭州市拱墅区祥符街道，东起大运河，西至长滨，长 1300m，河宽 10～22m。整治前后横港河水体富营养化严重，每年暴发蓝藻，属于劣Ⅴ类水体。计划采用食藻虫控藻引导水体生态修复技术进行治理，使后横港河水系景观水体趋于生态平衡，水质稳定，SD 达到 1.5m 以上，优于现状水体水质，主要水质指标（NH_3—N、TP、COD_{Mn}等水质指标）基本达到 GB 3838—2002 中的Ⅲ类标准。

2. 工艺流程

食藻虫控藻引导水体生态修复是一项综合技术，它的基本思路是以食藻虫吃藻控藻作为启动因子，继而引起各项生态系统恢复的连锁反应，包括从底泥有益微生物恢复、底泥昆虫蠕虫恢复、底栖螺贝类恢复到沉水植被恢复、土著鱼虾类等水生生态恢复，最终实现水体的内源污染生态自净功能和系统经济服务功能。其具体工艺流程如下：

（1）食藻虫摄食消化水体中的藻类和 SS 后，可以产生弱酸性的排泄物，降低水中的 pH 值，并抑制水体藻类的生长。

（2）水体藻类和 SS 减少消失后 SD 增加，阳光可进入水底，促进水体水底沉水植被的生长，沉水植被与食藻虫可形成良好的共生关系。

（3）沉水植被进行水下光合作用，释放出大量的 DO，吸收掉水体中过多的 N、P 等富营养化物质，形成水体生态自净能力。

（4）水生植被恢复后，由食藻虫携带有益微生物向水体底部扩散，促进底泥氧化还原电位升高，有利于水生昆虫和水生底栖生物的大量滋生，在水生植被共生作用下，形成底泥营养物质的封存和生态链自净（物质能量的逐步吸收转化）。

(5) 再逐步向水体中引入螺、贝、鱼、虾类等高级水生动物，食藻虫和水生植被又可以被鱼、虾、螺、贝等高级水生动物吃掉，通过食物链把水体中的N、P营养物质从水体中转移出来，彻底降低水体水中的富营养化程度，长久维持景观水体水质。

食藻虫控藻引导水体生态修复工艺路线如图4-6所示。

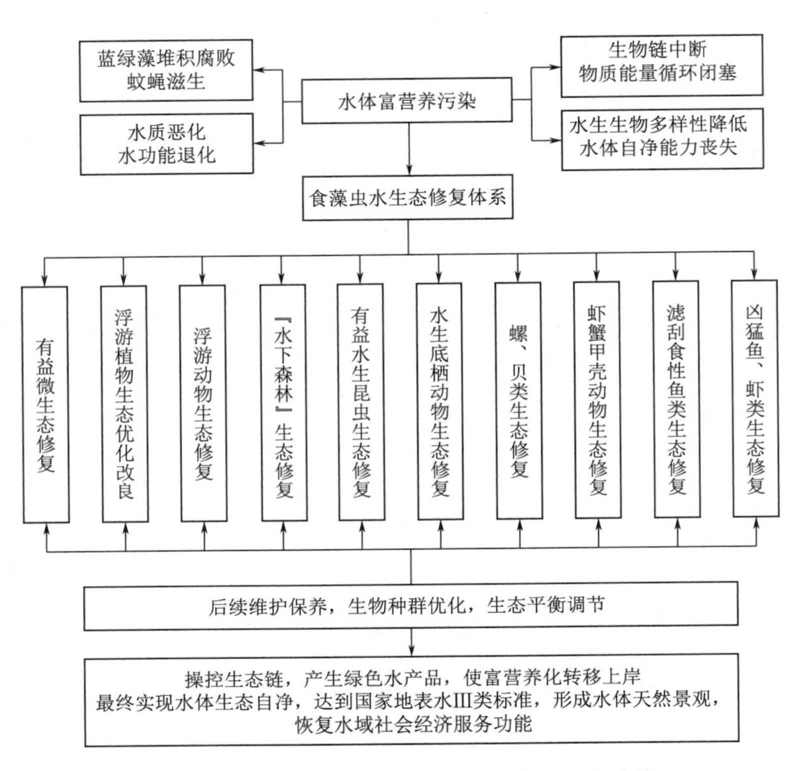

图4-6 食藻虫控藻引导水体生态修复工艺路线

3. 工程内容

根据水系的特点和生态修复的要求，本项目水体生态修复面积为4000m^2。本项目的主要工程内容包括食藻虫接种与驯化、有益微生物菌种接种和培育、四季常绿水下草皮种植、夏季水下森林种植、冬季水下森林种植、景观植物种植以及水体微流循环系统等工程。

4. 工程设计

(1) 水质监测。对水源、初期输水的水质、底泥与水生生物定期进行水质、底泥检测和动植物现状分析，计算出水和淤泥中的Chla、TN、TP、COD、pH

值和DO的含量。通过监控水体的变化，有利于及时调整工程进度，计算出生物链和水生食物链对水体富营养化的转化效力和效果，最终对比工程前、中、后期水质的变化，确保工程预期目标实现。

（2）水体底质处理方案设计。在工程施工前，降低水体的水位，对水体内的野生杂草及垃圾进行清理，对水体底泥进行活性淤泥处理，并建立有益微生物处理系统，根据施工实际进度逐步进行微生物调控。微生物主要分为A类微生物系统、B类微生物系统、C类微生物系统三类。

A类、B类微生物主要是光合细菌、有益放线菌和有益芽孢杆菌的混合系统微生物群体，主要用于对水体中COD、含碳有机物、含P和含S物质的分解。C类微生物系统主要是硝化细菌和脱氮菌混合系统微生物群体，也是修复水体淤泥良性转化的核心技术之一，主要用于对水体中含N物质，如NH_3—N、尿素、尿酸、氨基酸、蛋白质和硝态氮的分解。

（3）食藻虫的驯化。食藻虫接种量为20g/m^3，是构建水体景观生态的核心技术。没有食藻虫，就不能彻底控制藻类和有机质的污染，不能迅速和长期地提高透明度，沉水植被就不能长期存活、无法越冬，“水下森林”和湿地生态净化系统的完全建立就无法实现。

（4）食藻虫引导景观水体“水下森林”修复。“水下森林”主要布置在沿岸带水深2.0m以内的水体，根据环境特性可分为浅水沿岸带、静水区域及建筑物紧邻水源。根据耐污、景观以及方便管理等的需要，“水下森林”修复工程可分为四季常绿水下草皮、夏季“水下森林”、冬季“水下森林”以及景观植物带等四部分内容。

根据水生生态学自净原理，要达到水体自净的功能，每个季节水下生态覆盖率需超过总面积的60%。其中，四季常绿水下草皮覆盖率达到50%左右，主要分布于沿岸浅水区，具有强大的水质净化能力、抗青苔效应和景观效果，修复面积为1300m^2；夏季“水下森林”覆盖率达到20%左右，主要分布于水体较深的水域，可形成优美的水下景观，修复面积为550m^2左右；冬季“水下森林”覆盖率达到20%左右，主要分布于水体较深的水域，可形成优美的水下景观，修复面积为500m^2左右；景观植物带主要是提高水体景观临岸水面的观赏效果，起到点缀景观的作用，对水体也有少量的净化能力，主要种植荷花、睡莲以及盆景荷花。“水下森林”的设计各品种间没有严格分格，以水质改善和景观效果为主，逐步调整分格。

(5) 水动力改善。为增加水体的增氧效果和景观效果，将北半球的季风特征和一套水流微循环系统相互结合，形成水流的循环，起到水流循环增氧的作用。本设计利用水体自净的原理和理论依据，利用动力泵制造微动力（微流小于0.1m/s）和季风效应，形成流水。

5. 成效分析

后横港河道水生态修复工程的主要工程内容包括食藻虫接种和驯化、有益微生物菌种接种和培育、四季常绿地下草皮种植、冬季“水下森林”种植和夏季“水下森林”种植、生态系统优化养护、微曝气管道以及水体微流循环系统等工程，总投资67.58万元。该工程的长期目标是恢复水体原有的水生生态系统，水质清澈见底；使“水下森林”和水下草皮覆盖率达到60%以上，沉水水生植物保持四季常绿。

截至2011年10月上旬，工程实施约两个月，水体生态系统初步达到稳定状态，水质主要富营养指标达到Ⅳ类水标准，其中部分水质指标已经达到Ⅱ类水标准，SD达到1.5m。

第5章 水环境质量评价

5.1 水环境质量评价的标准与准则

5.1.1 水环境质量评价概述

水环境质量评价是指根据所需要求与评价目的选择水体监测指标、水环境质量应符合的标准以及适用的评价方法，进而对水环境质量、水体的客观状态做出合理的评定，同时对水资源的利用方向和利用价值做出评估。在反映水体现状、水资源污染程度的同时，为水体治理、水环境管理、水资源综合利用提供科学的数据支撑。

水质评价按水体分为河水质量评价、湖泊（水库）质量评价、海洋质量评价、地下水质量评价等；按评价目的分为饮用水质量评价、渔业用水质量评价、工业用水质量评价、农业用水质量评价、游泳用水质量评价、风景及游览用水质量评价等。水质的评价工作内容包括选定评价参数（包括一般评价参数、氧平衡参数、重金属参数、有机污染物参数、无机污染物参数、生物参数等）、水体监测和监测值处理、选择评价标准、建立评价方法等。

对水质评价使用的各种数学方法进行统计，主要包括确定性数学评价方法以及不确定性数学评价方法。其中：确定性数学评价方法主要包括评估污染指数方法、层次评价法、水质综合指数鉴定方法；不确定性数学评价方法包括投影追踪模型法、物质元素可扩展方法、模糊数学评价法、灰色系统评价分析法、人工神经网络法等。

5.1.2 相关环境标准

环境标准就是为了保护人们的健康、防治环境污染和促使生态系统良性循环，在依据相关环境保护法规和政策的基础上，对环境中有害成分含量划定限量阈值的技术性标准和规范。环境标准是政策、法规的具体体现。

1. 环境标准的作用

环境标准既是环境保护的目标又是环境保护的手段，具有以下作用：

（1）环境标准是判断环境质量和衡量环保工作优劣的准绳。

（2）环境标准是执法的依据。环境问题的诉讼、排污费的收取、污染治理效果的评价都是以环境标准为依据的。

（3）环境标准是促进技术进步、推行清洁生产、控制污染、保护生态、实现社会可持续发展的重要手段。

2. 环境标准的分级

根据《中华人民共和国标准化法》规定，我国标准按照使用的效力等级，可分为国家环境标准、行业环境标准和地方环境标准三个级别，其执行效力依次递减。当低效力等级标准遇到高效力等级标准时，必须服从于高效力等级标准。下面对各级环境标准做简要介绍。

（1）国家环境标准。国家环境标准是由国务院环境保护行政主管部门制定，并会同国务院标准化行政主管部门编号、发布。国家标准主要针对在全国具有普遍性的环境问题而编制，其指标阈值是按全国平均水平和要求提出的，因此适用于全国多数地区。国家标准在整个环境标准体系中处于核心地位，是国家环境政策目标的综合反映。

（2）行业环境标准。行业环境标准是由环保部（或国家环保总局）制定的行业内通过的技术标准，它是比较特殊的一类环境标准，是在环保工作中对还需要统一的技术要求所制定的标准（包括执行各项环境管理制度、检测技术、环境区划、规划的技术要求等）。这些标准属于环境保护行业内标准的性质，可用来指导全国各级环境保护行政主管部门开展相关的业务工作，但不属于国家标准，随着应用的逐步成熟以后有可能会上升到国家标准。

（3）地方环境标准。地方环境标准是对国家环境标准的补充和完善，它由省级或市级人民政府制定。地方人民政府可针对国家环境标准中未作规定的项目，制定适用于当地实际情况的地方环境标准；同时也可针对国家环境标准已作规定的项目，从环境保护和严格管理的角度，制定严于国家标准的地方标准。

3. 环境标准的分类

按照环境标准的使用途径，还可以对其进行分类，主要包括以下类型：

（1）环境质量标准。为了保护人类健康和维持生态系统良性循环，对环境中有害物质含量所做出的限制性规定。它是衡量环境质量优劣的依据，也是制定污染物控制标准的基础。

（2）污染物排放标准。根据国家环境质量标准，并考虑可采用的污染控制技术和经济承受能力，对排入环境的有害物质和产生污染的各种因素所作的限制性规定，是对污染源进行控制的标准。

（3）环境基础标准。在环境标准化工作范围内，对有指导意义的符号、代号、指南、程序和规范等所作的统一规定，主要包括标准化、质量管理、技术管理、基础标准与通用方法、污染控制技术规范等。它是制定其他环境标准的准则。

（4）环境检测方法标准。环境检测方法标准是为监测环境质量和污染物排放，规范采样、样品处理、分析测试、数据处理等所作的统一规定。其中最常见的是分析方法、测定方法、采样方法等方面的有关规定。

（5）环境标准样品标准。环境标准样品标准是为保证环境监测数据的准确、可靠，对用于量值传递或质量控制的材料、实物样品而研制的标准物质所做的统一规定。标准样品在环境管理中起着甄别的作用：可用来评价分析仪器、鉴别其灵敏度；评价分析者的技术，使操作技术规范化。它由环保部（或国家环保总局）和全国标准样品技术委员会进行技术评审，国家质量监督检验检疫总局批准、颁布并授权生产，以“GSB”进行编号。

5.2 污染源的调查

5.2.1 污染源的分类及特征

1. 污染源的分类

污染源是指向水体排放或释放污染物的发生源或场所。根据污染物的来源、特征、结构形态和调查研究目的不同，对其类型划分的方式也不同。

按照污染物的属性进行分类，可分为物理性污染、化学性污染和生物性污染。其主要污染物、污染的危害标志以及污染物的来源部门、场所见表5-1。

表5-1　　水污染的类型、污染物及来源

污染类型			污染物	污染标志	污废水来源
物理性污染	热污染		热的冷却水	升温、缺氧或气体过饱和、热、富营养化	火电、冶金、石油、化工等工业
	放射性污染		U、Ra、Ac、Pa等	放射性沾污	核研究生产、试验、医疗、核电站
	表观污染	水的浑浊度	泥、沙、渣屑、漂浮物	浑浊	地表径流、农田排水、生活污水、大坝冲沙、工业废水
		水色	腐殖质、色素、染料、锰离子等金属阳离子	染色	食品、印染、造纸、冶金等工业废水和农田排水
		水臭	酚、氨、胺、硫醇、H_2S	恶臭	食品、制革、炼油、化工、农肥生产等工业
化学性污染	酸碱污染		无机或有机酸、碱物质	pH值异常	矿山、石油、化工、化肥、造纸、电镀等工业，酸洗工业，酸雨
	重金属污染		Cu、Ni、Co、Pb、Zn、Sb、Bi、Hg等	毒性	矿山、冶金、电镀、仪表、颜料等工业
	非金属污染		As、F、S、Se、氰化物等	毒性	化工、火电站、农药、化肥等工业
	耗氧有机物污染		糖类、蛋白质、油脂、木质素等	耗氧，进而引起缺氧	食品、纺织、造纸、制革、化工等工业废水，生活污水，农田排水
	农药污染		有机氯、有机磷农药、多氯联苯等	严重时水中生物大量死亡	农药、化工、炼油等工业，农田排水
	易分解有机物污染		酚类、苯、醛类	耗氧、异味、毒性	制革、炼油、化工、煤矿、化肥等工业废水及地面径流
	石油类污染		石油及其制品	漂浮和乳化、增加水色、毒性	石油开采、炼油、油轮等
生物性污染	病原菌污染		病毒、病菌、虫卵	水体带菌、传染疾病	医院、屠宰、畜牧、制革等工业废水，生活污水，地面径流
	霉菌污染		霉菌毒素	毒性、致癌	制药、酿造、食品、制革工业
	藻类污染		无机和有机氮、磷、硅	富营养化、恶臭、严重时鱼类大量死亡	化肥、化工、食品等工业废水，生活污水，农田排水

根据污染物的来源，可将其分为自然污染源和人为污染源两类。自然污染源是由特殊的地质构造或其他自然条件，造成一个地区的水体中某些化学元素富集（如存在铀矿、砷矿、汞矿等），或天然植物在腐烂过程中产生某些有毒物质，由此而形成的污染源。自然污染源可分为生物污染源和非生物污染源两种。人为污染源是由于各种人类活动，如大量的工业废水不加处理而直接排放，农药、化肥随降雨径流进入水体等而形成的污染源。人为污染源可分为生产性污染源和生活性污染源两种。

根据污染源的作用空间或形态，可将其分为点源（如污水排放口、渗水井等）、线源（如污水河渠、漏水的污水与石油管道等）、面源（如农田大面积施用化肥、农药、污水灌溉等）。

根据污染源的稳定性，可将其分为固定污染源（如污水排放口）和移动污染源（如轮船）。

根据污染源的排放时间或作用时间长短，可将其分为连续性污染源（如污水河渠的渗漏等）、间歇性污染源（如固体废物、淋溶液等）和瞬时污染源（如排污管的短时渗漏等）。

根据排放污染物的种类，可将其分为有机、无机、热、放射性、重金属、病原体等污染物，以及同时排放多种污染物的混合污染源。

2. 污染源的特征

水环境保护工作中重点查处的污染源有以下方面：

（1）工业污染源。工业污染源是指工业生产过程中对环境造成有害影响的生产设备或生产场所。一般情况下，工业污染源通过排放废水、污水、废液等进入水体，进而引发严重的水环境污染问题。受产品、原料、药剂、工艺过程、设备构造、操作条件等多种因素的综合影响，不同工矿企业产品的废水所含成分相差很大；同时工业污染源具有量大、面广、成分复杂、毒性大、不易净化、处理难等特点，是重点治理的污染源。

（2）生活污染源。生活污染源是指人类生活产生的污染物发生源，通常城市和人口密集的居住区是主要的生活污染源。人们在日常生活中产生了各种污水混合物，例如各种洗涤剂和人畜粪便等，这些生活污水中包含了各种氯化物、硫酸盐、磷酸盐和 Na^{+}、K^{+}、Ca^{2+}、Mg^{2+} 的重碳酸盐等无机物以及纤维素、淀粉、糖类、脂肪、蛋白质和尿素等有机物，此外还有少量的重金属、洗涤剂以及病原微生物。在生活污水中，99%以上是水，固体物质不到1%，多为无毒的无机盐类、耗氧有机物类、病原微生物类及洗涤剂。生活污水的特点是N、S、P的含量较高，在厌氧微生物的作用下易产生H_2S、硫醇、粪臭素等具有恶臭气味的物质；从外表看，水体浑浊呈黄绿色以至黑色。生活污水一般呈弱碱性，pH值为7.2～7.8，污水中的成分随各地区人们日常生活习惯的不同而不同。

(3) 农业污染源。农业污染源是指在农业生产过程中形成的污染源，主要包括农业生产中喷洒的农药、施用的化肥及污水灌溉（包括城市污水、工业废水等）和农村地面径流等。随着现代农业的发展，使用的农药和化肥数量日益增多，在喷洒农药和除草剂以及施用化肥的过程中只有少量附着于农作物上，大部分残留在土壤中，通过降雨和地面径流的冲刷进入地表水和地下水中，造成污染。此外，牧场、养殖场、农副产品加工厂的有机废物排入水体，都可使水体水质恶化，造成河流、水库、湖泊等水体污染甚至富营养化。农业污染源具有面广、分散、难以收集、难于治理等特点，另外从化学成分来看，还具有以下两个显著特性：一是含有机质、植物营养素及病原微生物浓度高；二是含化肥、农药浓度也较高。

(4) 交通污染源。铁路、公路、航空、航海等交通运输部门，除了直接排放各种作业污水（如货车、货船清洗废水），还有船舶的油类泄漏、汽车尾气中的重金属铅通过大气降水进入水环境等。例如，船舶在水域中航行时排放的污水，会对水体造成污染，其主要污染物是石油类。

(5) 城市污染源。城市雨水和地表径流往往含有较多的悬浮固体，而且病毒和细菌的含量也较高，如注入地表水体或渗入地下水，会造成地表水和地下水的污染。

5.2.2 污染源调查的概念

污染源调查是指根据控制污染、改善环境质量的要求，对某一地区（如一个城市、一个流域，甚至全国）造成污染的原因进行调查，建立各类污染源档案，在综合分析的基础上选定评价标准，估量并比较各污染源对环境的危害程度及其潜在危险，确定该地区的重点控制对象（主要污染源和主要污染物）和控制方法的过程。

污染源调查是环境评价工作的基础。通过调查，掌握污染源的类型、数量

及分布，掌握各类污染源排放污染物的种类、数量及其随时间变化的状况。通过评价，确定一定区域内的主要污染物和主要污染源，然后提出切合实际的污染控制和治理方案。

5.2.3 污染源调查的内容

污染源排放的污染物物质种类、数量、排放方式、途径以及污染源的类型和位置直接关系到其影响对象、范围和程度。污染源调查就是要了解、掌握上述情况及其他相关的问题，因此有必要从工业污染源调查、生活污染源调查和农业污染源调查三方面对污染源调查的相关内容进行分析。

1. 工业污染源调查

各工业行业主要污染物排放清单见表5-2。

表5-2 各工业行业主要污染物排放清单

行业		水污染因子
冶金矿山		pH值、SS、S^{2-}
黑色冶金		pH值、SS、S^{2-}、COD、F^{-}、氰化物、石油类、酚等
有色金属采矿及冶炼		pH值、SS、S^{2-}、COD、F^{-}、Cu、Pb、Zn、As、Cd、Hg、Cr^{6+}、挥发酚、氰化物等
焦炭		COD、BOD、SS、S^{2-}、氰化物、挥发酚、石油、苯类、NH_4^+、多环芳烃等
选矿药剂		COD、BOD、SS、S^{2-}、挥发酚等
石油开发		COD、SS、S^{2-}、石油、挥发酚等
石油化工		pH值、COD、BOD、SS、S^{2-}、挥发酚、氰化物、石油、苯、多环芳烃等
无机原料	硫酸	pH值、SS、S^{2-}、F^{-}、Cu、Pb、Zn、As、Cd等
	氯碱	pH值、COD、SS、Hg等
化肥	磷肥	pH值、COD、SS、F^{-}、As、P等
	氮肥	COD、BOD、CN^{-}、S^{2-}、As、挥发酚等
电力		pH值、SS、S^{2-}、酚、As、Pb、Cd、石油、热等
水泥		pH值、SS等
造纸		pH值、SS、COD、BOD、S^{2-}、Pb、Hg、木质素、酚、色度等

工业污染源主要调查的内容包括以下方面：

(1) 企业基本情况。

1) 企业概况。企业概况包括企业名称、厂址、主管机关名称、企业性质、规模、厂区占地面积、职工构成、固定资产、投产年代、产品、产量、产值、利润、生产水平、企业环境保护机构名称。

2）工艺情况。工艺情况包括工艺原理、工艺流程、工艺水平、设备水平，以及生产过程中的污染源和污染物。

3）能源、水源、原辅材料情况。能源、水源、原辅材料情况包括能源构成、产地、成分、单耗、总耗，水源类型、供水方式、供水量、循环水量、循环利用率、水平衡，原辅材料种类、产地、成分及含量、消耗定额、总消耗量。

4）生产布局情况。生产布局情况包括原料、燃料堆放场，车间、办公室、堆渣场等污染源的位置，绘制企业生产布局图。

5）管理情况。管理情况包括管理体制、人员编制、生产调度、管理水平及经济指标，环保机构对污染源的统计情况等。

（2）污染物排放及治理情况。

1）污染物排放情况。污染物种类、数量、成分、性质，排放方式、规律、途径、排放浓度、排放量（每年），排放口位置、类型、数量、控制方法，历史情况、事故排放情况。

2）污染物治理情况。工艺改革、综合利用、治理方法、治理工艺、投资、效果、运行费用、副产品的成本及销路，存在问题、改进措施、今后治理规划或设想。

（3）污染危害情况。排污造成的人体健康危害、经济社会损失，以及对生态系统造成的危害。

（4）生产发展情况。生产发展方向、规模、指标、“三同时”措施、预期效果及存在问题。

2. 生活污染源调查

生活污染源主要指住宅、学校、医院、商业及其他公共设施，排放的主要污染物包括污水、粪便、垃圾、污泥、废气等。

（1）城市居民人口。人口调查包括总人口数、总户数、流动人口、人口构成、人口分布、人口密度、居住环境、年龄构成等。

（2）城市居民用水和排水状况。城市居民用水和排水状况调查包括居民用水类型（城市集中供水，自备水源），不同居住环境人均用水量，办公楼、旅馆、商店、医院及其他单位的用水量、排水量，下水道设置情况（有无下水道、下水去向），机关、学校、商店、医院有无化粪池及小型污水处理设施。

（3）民用燃料调查。民用燃料调查包括燃料构成（煤、煤气、液化气）、来

源、成分、供应方式、消耗情况（年、月、日用量，每人消耗量，各区消耗量）。

（4）城市垃圾及处置方法。城市垃圾及处置方法调查包括城市污水处理总量，污水处理率，污水处理厂的个数、分布、处理方法、运行维护费用，处理后的水质，城市垃圾总量、处置方式、处置点分布、管理人员、管理水平、投资和运行费用等。

3. 农业污染源调查

农业常常是环境污染的主要受害者，同时，由于使用农药、化肥，如果使用不合理也会产生环境污染。

（1）农药使用情况。农药使用情况调查包括施用的农药品种、数量、有效成分含量、滞留时间、农作物品种、面积、使用时间和使用方法。

（2）化肥使用情况。化肥使用情况调查包括施用的化肥品种、数量、方式、时间。

（3）农业废弃物处理情况。农业废弃物处理情况调查包括农作物茎、秆、牲畜粪便的产量及其处理处置方式与综合利用情况。

（4）农业机械使用情况。农业机械使用情况调查包括汽车、拖拉机台数，月、年耗油量，行驶范围和路线，其他机械的使用情况等。

（5）水土流失情况。水土流失情况调查包括水土流失的面积以及水土流失引发的污染负荷增量。

除以上调查工作外，有时还要考虑交通污染调查等其他形式的调查。一般情况下，在进行一个地区的污染源调查时，还应同时进行自然背景调查和社会背景调查。自然背景调查主要包括地质、地貌、气象、水文、土壤、生物等。社会背景调查主要包括居民区、水源区、风景区、名胜古迹、工业区、农业区和林业区等。

5.2.4 污染源调查的原则

1. 目的要求要明确

污染源调查的目的和要求不同，其调查的方法和步骤也就不同。例如，针对一个城市电镀车间开展的调查工作，重点是摸清污染源的分布、规模、排放量以及评价其对环境的影响，从环境保护和生产发展的要求来看，如何更合理地调整电镀车间的场地位置、解决电镀污水的处理与排放问题是关键。如果要制定一个水系或区域的综合防治方案，污染源调查的目的则是要摸清该水系或区域的主要污染物和主要污染源，其调查方法和步骤与前者不同。

2. 要把污染源、环境和人体健康作为一个系统来考虑

在污染源调查过程中，不仅要重视污染源的自身特性（如数量、类型和排污量），同时还要重视所排放的物理、化学性质，进入环境的途径以及对人体健康的影响因素等。

3. 要重视污染源所处的位置及周围的环境情况

在开展污染源调查时，应对污染源所在的位置和周围环境的背景情况进行调查，包括污染源距离河道的远近、地貌、水质、水文、气象、生物和社会经济状况等。调查时必须采用同一基础、同一标准、同一尺度，以便把各种污染源所排放的污染物进行比较。

4. 注重污染源调查工作程序

从污染源调查的开始就要设计出一个好的工作程序，调查、评价、控制管理是紧密相连的三个环节，在调查过程中一定要紧紧抓住这些环节。

5.2.5 污染源调查的程序

污染源调查工作，需要按照科学合理的调查工作程序或步骤来进行。一般可将污染源调查工作分为准备阶段、调查阶段和总结阶段。准备阶段主要是成立相关的调查机构，落实经费，开展宣传，进行组织动员；制定调查方案和相应的技术规范，编制调查表格，开发相应的软件和数据库；同时组织调查试点，开展调查业务培训等工作。调查阶段主要是通过全面调查，掌握污染物排放情况、污染危害及治理情况；同时结合样品采集等实地检测措施，了解污染源的污染物排放浓度和排放数量。总结阶段主要是对调查资料的数据进行处理，建立污染源档案，进行污染源评价，编写污染源调查报告等。污染源调查各阶段基本内容见表 5-3。

表 5-3 污染源调查各阶段基本内容一览表

阶　段	步　骤	内　容	方　法
准备阶段	明确调查目的	—	
	制定调查计划	—	
	做好调查准备	组织准备	—
		资料收集	
		分析准备	
		工具准备	
	组织调查试点	普查试点	—

续表

阶段	步骤	内容	方法
调查阶段	组织调查试点	详查试点	—
	生产管理调查	—	
	污染物治理调查		
	污染物排放情况调查	种类	—
		排放量	物料衡算法
			排放系数法
			现场监测法
		排放方式	—
		排放规律	
	污染物危害调查	—	
	生产发展调查		
总结阶段	处理数据	—	
	建立档案		
	评价		
	调查报告		
	绘制污染源分布图		

5.2.6 污染源调查的方式

社会调查是进行污染源调查的基本方法，也是必备方法。社会调查法通常采用深入工厂、企业、机关、学校进行访问，召开各种类型座谈会的方法开展调查。它可以使调查者获得许多关于污染源的资料，对于认识和分析污染源的特点、动态和评价污染源都具有重要作用。为了搞好社会调查工作，往往将社会调查方式分为普查和详查。

普查就是对污染源进行全面调查。普查工作应在统一的领导，统一的普查时间、项目和标准下，做好普查人员的培训，以统一的调查方法、步骤和进度开展调查工作。普查工作一般多由主管部门发放调查表，以被调查对象填表的方式进行。通过普查要查清区域或流域内的工矿、交通运输等企事业单位名单，各单位的规模、性质和排污情况；对于农业污染源和生活污染源也可到主管部门收集农业、渔业和畜禽养殖业的基础资料、人口统计资料、供排水和生活垃圾排放等方面的资料，通过分析和推算得出本区域和流域内污染物排放的基本情况。

详查是在普查的基础上，针对重点污染源开展的调查活动，在对区域环境整体分析的基础上，在同类污染源中选择排放量大、影响范围广泛、危害严重的重点污染源进行详查。重点污染源的调查应从基础调查状况做起，直到建立一整套污染源档案，其工作内容无论从调查内容、调查广度和调查深度上，都应超过普查。详查时污染源调查人员要深入现场，核实被调查对象填报的数据是否准确，同时进行必要的监测。详查又可以分为重点调查和典型调查。重点调查是选择一些对环境影响较大的污染源进行细致调查，它为解决实际问题提供重要资料，尤其适用于对排污量占全区排污总量较大比重的少数大型污染源调查；典型调查是根据所研究问题的目的和要求，在总体分析的基础上有意识地对地区内一些具有代表性的污染源进行细致调查和剖析的调查方法。

5.3 污染源的评价

5.3.1 评价的概念和目的

污染源评价是在污染源和污染物调查的基础上进行的。污染源评价的目的是要确定主要污染物和主要污染源，明确环境质量水平的成因，为污染源治理和区域治理规划提供依据。因此，污染源评价是污染综合防治的重要环节，是一项重要的基础工作。

污染源评价是在查明污染物排放位置、形式、数量和规律的基础上，综合考虑污染物的毒性、危害，通过等标处理，对不同污染源的污染能力进行比较，确定出各个区域（或工矿、企业、流域、城市等）的主要污染源和污染物。污染源评价是对污染源潜在污染能力的鉴别和比较。潜在污染能力是指污染源可能对环境产生的最大污染效应。它和污染源对环境产生的实际污染效应是不同的。污染源对环境产生的实际污染效应，不仅取决于污染源本身的特性（排放污染物的种类、性质、排放量、排放方式等），还取决于环境的性质（背景值、自净能力、扩散条件等）、接受者的性质，以及各种污染物之间的作用和协生效应等。潜在污染能力取决于污染源本身的性质。

5.3.2 评价的原则及类型

由于一个区域内污染源和污染物的种类众多、数量庞大，一般要求将当地

污染源所排放的大多数污染物种类都纳入评价范围（至少不低于本区域内所有污染物的80%）。另外，在不同污染物之间会因其毒性和计量单位的不统一而使得评价结果缺乏可比性，因此对评价标准的选择就成为衡量污染源评价结果是否合理的关键问题之一。通常，在选择相应的标准进行水质指标标准化处理时，既要考虑标准能否准确反映出污染源所造成的主要危害，又要使所选的标准涵盖本区域的大多数污染物类型。因此，在评价标准选取时一般采用相关的国家技术规范，如GB 3838—2002。

污染源评价可分为以潜在污染能力为指标的评价体系和以经济技术指标为评价依据的评价体系两大类。前者又进一步分为类别评价和综合评价。类别评价主要是采用超标率、超标倍数、检出率等指标来评价单项污染物对环境的潜在污染能力；综合评价则是考虑多种污染源、多种污染物和多种污染类型对环境总的潜在污染能力。后者主要采用各种污染系数对污染源进行评价：如污染系数高，则说明企业的技术水平低，经济效益差，对环境污染的能力大；反之亦然。

5.3.3 评价的方法

与评价类型相对应，污染源评价方法主要有污染源单一评价方法、综合评价方法和经济技术评价法。污染源单一评价方法所选用的指标包括浓度指标、排放强度指标和统计指标等；综合评价方法则包括等标污染负荷法、排毒系数法、环境影响潜在指数法等；经济技术评价法主要包括消耗指数法和流失量指数法等。

1. 单一评价方法

（1）浓度指标。以某污染源排放某种污染物的浓度值来表达污染源的污染能力大小，这种方法存在一定的不足，容易忽略污染物排放量大，而排放浓度低的污染源对环境的污染影响。

（2）排放强度指标。排放强度指标的表达式为

$$W_i = c_i q_i \tag{5-1}$$

式中 W_i——某种污染物的排放强度，g/d；

q_i——含有某种污染物的废水排放流量，m^3/d；

c_i——废水中某种污染物的平均浓度，g/m^3。

(3) 统计指标。

1) 检出率。某种污染物被检测出的样品数占样品总数的百分比。

2) 超标率。某种污染物超过排放标准的样品数占样品总数的百分比。

3) 超标倍数。某种超过排放标准的污染物浓度值与标准值之比。

4) 标准偏差。某种污染物的标准偏差定义为

$$\delta=\sqrt{\frac{\sum(\rho_i-\rho_{0i})^2}{n-1}} \tag{5-2}$$

式中 δ——实测值与排放标准的标准差，其值越大，污染排放越严重；

ρ_i——污染物实测浓度；

ρ_{0i}——污染物排放标准；

n——监测次数。

2. 综合评价方法

(1) 等标污染负荷法。某污染物的等标污染负荷 P_i 为

$$P_i=\frac{C_i}{|C_{0i}|}Q_i\times10^{-6} \tag{5-3}$$

式中 C_i——污染物的实测浓度值；

$|C_{0i}|$——污染物的评价标准值；

Q_i——污染物的废水排放量；

10^{-6}——换算系数。

则某污染源的等标污染负荷 P_n 为

$$P_n=\sum_{i=1}^{n}P_i=\sum_{i=1}^{n}\frac{C_i}{|C_{0i}|}Q_i\times10^{-6} \tag{5-4}$$

式中 n——污染物的种类；

其他符号意义同前。

相应地，某区域（或流域）的等标污染负荷可以表示为

$$P_m=\sum_{j=1}^{m}P_n \tag{5-5}$$

式中 m——污染源的个数；

其他符号意义同前。

某个区域中某污染物的总等标污染负荷 $P_{i总}$ 为

$$P_{i总}=\sum_{j=1}^{m}P_{ij} \tag{5-6}$$

式中　P_{ij}——第 j 个污染源中污染物 i 的等标污染负荷；

其他符号意义同前。

某污染物在污染源或区域中的等标污染负荷比 K_i 和 $K_{i总}$：

$$K_i=\frac{P_i}{P_{i总}}\times100\%,K_{i总}=\frac{P_{i总}}{P_m}\times100\% \tag{5-7}$$

某污染源在区域中的等标污染负荷比 K_n 为

$$K_n=\frac{P_n}{P_m}\times100\% \tag{5-8}$$

根据上述公式，结合区域内污染源排放实测数据，便可求出相应的等标污染负荷或等标污染负荷比指标，进而按照排列图原理筛选出本区内的主要污染源和污染物。首先，将区域内污染物总等标污染负荷 $P_{i总}$ 按大小排列，分别计算 $P_{i总}$ 指标的百分比及累计百分比，将累计百分比大于 80%的污染物列为该地区的主要污染物。其次，将区域内污染源的等标污染负荷 P_n 按大小排列，分别计算 P_n 指标的百分比及累计百分比，将累计百分比大于 80%的污染物列为该地区的主要污染物。

（2）排毒系数法。排毒系数是指污染物的实测排放浓度与相应毒性标准浓度的比值，其表达式为

$$F_i=\frac{c_i}{c_{mi}} \tag{5-9}$$

式中　F_i——污染物 i 的排毒系数；

c_i——污染物 i 的实测排放浓度，mg/m^3；

c_{mi}——污染物 i 的毒性标准浓度，mg/m^3。

（3）环境影响潜在指数法。将污染物、污染源状况与承受污染的具体环境结合起来进行评价，可以更为客观地评价污染源，此类评价方法带有指明污染源对环境潜在影响的意义，称为环境影响潜在指数法，其计算公式为

$$P_i=K_{ij}\frac{m_i}{C_{0i}}a_j \tag{5-10}$$

式中　P_i——污染物的环境影响潜在指数；

m_i——污染物日绝对排放量；

C_{0i}——污染物的排放标准浓度；

a_j——水体功能用废水水量分配系数；

K_{ij}——污染物的环境功能系数。

环境功能系数 K_{ij} 是指污染物的排放标准浓度 C_{0i} 与污染物的水体功能标准浓度 C_s 之比，即 $K_{ij}=C_{0i}/C_s$。K_{ij} 越大，表明污染物（源）对功能水体的污染威胁越大。

3. 经济技术评价法

经济技术评价法是以经济技术指标作为评价标准的一种方法，其指导思想是基于污染源排放污染物的主要原因是资源利用率低、企业管理不善、技术条件落后、设备陈旧等。该方法认为，污染物的排放量取决于生产单位产品所消耗的水量、能源和原材料数量，这些物质能量的消耗量越大，则污染物排放量越大，对环境的危害也越大。因此，利用经济技术评价法进行评价，可从另一个侧面反映污染源的潜在污染能力，并使得人们对污染源的认识进一步提高。此类方法中常用到的方法包括消耗指数法和流失量指数法。

（1）消耗指数法。消耗指数是生产单位产品所消耗的水量、能量、原材料量与定额消耗量的比值，其表达式为

$$E_i=\frac{a_i}{a_{0i}} \tag{5-11}$$

式中 E_i——某种产品的消耗量指数；

a_i——某种产品的水量（或能量、原材料量）的单耗，t/t；

a_{0i}——某种产品的水量（或能量、原材料量）的额定耗量，t/t。

（2）流失量指数法。流失量指数是指某一污染源的水量、能量、原材料量的流失量与定额流失量之比，它反映出生产技术、生产工艺和生产管理的总水平，其表达式为

$$F_i=\frac{q_i}{q_{0i}} \tag{5-12}$$

式中 F_i——流失量指数；

q_i——水量（或能量、原材料量）的日平均流量，kg/d；

q_{0i}——水量（或能量、原材料量）的定额日平均流失量，kg/d。

5.4 水质评价

水质评价是指按照评价目标，选择相应的水质参数、水质标准和评价方法，对水体的质量利用价值及水的处理要求作出评定。水质评价是合理开发利用和

保护水资源的一项基本工作。根据不同评价类型，采用相应的水质标准。

5.4.1 地表水水质评价的水质指数法

1. 单因子型指数

这一类指数是评价方法中最基本的一类指数。在实际水体质量现状评价中，要根据评价区环境背景条件和具体的评价要求，合理地选择具体的指数形式。选择时要注意参考国内外水质评价实例和相应的评价技术规范及标准。例如，上海地区水系水质调查组提出的“有机污染综合评价值”，其计算公式为

$$A=\frac{BOD_i}{BOD_0}+\frac{COD_i}{COD_0}+\frac{[NH_3-N]_i}{[NH_3-N]_0}-\frac{DO_i}{DO_0} \tag{5-13}$$

式中 BOD_i、COD_i、$[NH_3-N]_i$、DO_i——各种污染因子的实测值；

BOD_0、COD_0、$[NH_3-N]_0$、DO_0——各种污染因子的标准值。

A 值越大，表示污染越严重。DO_i 越大，表示水质状况越好。

以黄浦江为例，各项标准值规定见表 5－4。

表 5－4 黄浦江水质标准

环境因子	BOD_0	COD_0	$[NH_3-N]_0$	DO_0
标准值/(mg·L^{-1})	4	6	1	4

根据 A 值大小分级评定水质有机污染程度，黄浦江水质指数分级见表 5－5。

表 5－5 黄浦江水质指数分级

A 值	污染程度分级	水质质量评价	A 值	污染程度分级	水质质量评价
<0	0	良好	2～3	3	开始污染
0～1	1	较好	3～4	4	中等污染
1～2	2	一般	>4	5	严重污染

2. 内梅罗（N. L. Nemerow）指数

（1）内梅罗水污染指数计算公式

$$PI_j=\sqrt{\frac{1}{2}\left[\left(\max\left\{\frac{\rho_i}{S_{ij}}\right\}\right)^2+\left(\frac{1}{n}\sum_{i=1}^{n}\frac{\rho_i}{S_{ij}}\right)\right]} \tag{5-14}$$

式中 PI_j——第 j 种水用途的内梅罗水污染指数；

ρ_i——第 i 种污染物实测浓度，mg/L；

S_{ij}——第 i 种污染物第 j 种水用途的水质标准，mg/L。

(2) 内梅罗水污染指标按用途的分类。

1) 人类接触使用水体的 PI_1。PI_1 包括饮用水、制造饮料用水等。

2) 人类间接接触使用水体的 PI_2。PI_2 包括养鱼、农业用途等。

3) 人类不接触使用水体的 PI_3。PI_3 包括工业冷却用水、公共娱乐用水及航运等。

(3) 参数选择。内梅罗水污染指标法选择以下各项作为计算水质指标的参数：温度、颜色、透明度、SS、TDS、pH 值、DO、碱度、硬度、TN、Cl、Fe 和 Mn、硫酸盐、大肠杆菌数等。

(4) 综合水污染指数计算。先分别求出各种用途水的分指数，再按照加权叠加的方法求出综合的水污染指数，其计算公式为

$$PI = W_1 PI_1 + W_2 PI_2 + W_3 PI_3 \tag{5-15}$$

式中 W_1、W_2、W_3——水体 3 种用途的权重；

其他符号意义同前。

内梅罗将第一类和第二类用途的权重各定为 0.4，第二类定为 0.2，$\sum W_i = 1.0$，可供参考。一般来说，在计算出内梅罗综合指数 PI 后，可进行以下判别：当 $PI < 1.0$ 时，水质处于清洁水平；当 $1.0 < PI < 2.0$ 时，水质处于轻污染水平；当 $PI > 2.0$ 时，水质处于污染水平。

3. 北京西郊叠加型指数

$$P = \sum C_i / S_i \tag{5-16}$$

式中 C_i——各种污染物实测浓度，mg/L；

S_i——各种污染物的地面水质标准，mg/L。

根据北京西郊河流具体情况，用 P 值将地面水分为 7 个等级，见表 5-6。

表 5-6 北京西郊水质质量系数分级

级别	P 值	级别	P 值
清洁	<0.2	轻度污染	5.0～10.0
微污染	0.2～0.5	严重污染	10.0～100
轻污染	0.5～1.0	极严重污染	>100
中度污染	1.0～5.0		

4. 南京水域加权均值型指数

在南京水域加权均值型指数评价中，提出了水域质量综合指标 $I_{水}$，即

$$I_{水}=\frac{1}{n}\sum W_iP_i \tag{5-17}$$

$$P_i=\sum C_i/S_i \tag{5-18}$$

$$\sum W_i=1 \tag{5-19}$$

式中 P_i——各种污染物分指数；

W_i——污染物的权重；

C_i——i 污染物的实测浓度，mg/L；

S_i——各种污染物的地面水卫生标准，mg/L；

n——污染物种类。

选择As、酚、氰、Cr、Hg作评价参数，按 $I_{水}$ 值定出水域的分级标准见表5-7。

表5-7 南京水域质量综合指标分级

$I_{水}$ 值	级别	分类依据
<0.2	清洁	多数项目未检出，个别项目检出，也在标准内
0.2～0.4	尚清洁	检出均值均在标准内，个别值接近标准
0.4～0.7	轻污染	有1项检出超过标准
0.7～1.0	中污染	有1～2项检出值超过标准
1.0～2.0	重污染	全部或相当部分监测项目检出值超过标准
>2.0	严重污染	相当部分项目检出值超过标准1倍到数倍

5. 罗斯（S. L. Ross）水质指数

在总结以前的水质指数的基础上，选用SS、BOD_5、DO、NH_3—N作为水质评价参数，并分别给予权重，见表5-8。

表5-8 各评价参数权重

参数	BOD_5	NH_3—N	SS	DO
权重系数	3	3	2	2

其中DO可用浓度（mg/L）和饱和度（%）两个指数表示，各取权值为1。所有权值加和为10。

在计算水质指数时，不直接用各参数的测定值或相对污染值来统计，而是先对它们进行等级划分，然后按等级进行计算（表5-9），计算结果取整数，其计算公式为

$$WQI=\sum 分级值/\sum 权重值 \tag{5-20}$$

规定 WQI 值用整数表示，这样就将水质指数分成从 0～10 的 11 个等级，数值越大，则水质越好，各级指数可进行如下分级：$WQI=10$ 为天然纯净水；$WQI=8$ 为轻度污染水；$WQI=6$ 为污染水；$WQI=3$ 为严重污染水；$WQI=0$ 为水质类似腐败的原污水。

表 5-9　　水质指数各参数的评分尺度

SS		BOD_5		NH_3—N		DO		DO	
浓度/(mg·L^{-1})	分级值	浓度/(mg·L^{-1})	分级值	浓度/(mg·L^{-1})	分级值	饱和度/%	分级值	浓度/(mg·L^{-1})	分级值
0～10	20	0～2	30	0～0.2	30	90～105	10	>9	10
10～20	18	2～4	27	0.2～0.5	24	80～90		8～9	8
20～40	14	4～6	24	0.5～1.0	18	105～120	8	6～8	6
40～80	10	6～10	18	1.0～2.0	12	60～80		4～6	4
80～150	6	10～15	12	2.0～5.0	6	>120	6	1～4	2
150～300	2	15～25	6	5.0～10.0	3	40～60	4	0～1	0
>300	0	25～50	3	>10.0	0	10～40	2		
		<50	0			0～10	0		

6. 布朗水质指数

布朗水质指数是布朗（R. M. Brown）等 1970 年提出的评价水体污染的水质指数。他们从 35 种水质参数中，运用德尔菲法，选出 DO、pH 值、BOD_5、浊度、总固体、硝酸盐、温度、类大肠菌群、磷酸盐等 9 种参数，并根据它们的相对重要性，定出它们的权系数（表 5-10）。定权方法如下：

（1）根据应答者的信件计算各参数“重要性评价”的平均数，评价的尺度“1”代表相对重要性最高；“5”代表相对重要性最低。

（2）把 DO 的“临时权”定为 1.0。

（3）用其他参数的“重要性评价”平均数去除 DO 的“重要性评价”平均数，得出各参数的“临时权”。

（4）用各参数的“临时权”总和去除各参数的“临时权重”，得到各参数的权重。

水质指数的计算公式为

$$WQI=\sum W_i P_i \quad \sum W_i=1 \tag{5-21}$$

式中 WQI——水质指数，其数值范围为0～100；

P_i——第i个参数的质量，范围为0～100；

W_i——第i个参数的权重值，范围为0～1。

表5-10　9个参数的重要性评价及权重系数

水质参数	重要性评价值	中介权重	最后的权重 W_i
DO	1.4	1.0	0.17
大肠菌密度	1.5	0.9	0.15
pH值	2.1	0.7	0.12
BOD_5	2.3	0.6	0.10
硝酸盐	2.4	0.6	0.10
磷酸盐	2.4	0.6	0.10
温度	2.4	0.6	0.10
浊度	2.9	0.5	0.08
总固体	3.2	0.4	0.08
合计		5.9	1.00

7. W环境指数

W环境指数水质评价方法是一种计算简单、实用性强的水质评价方法，主要利用各污染物的监测值，进行数学上的归纳和统计，从而得出一个较简单的数值来表示水体的污染程度，并据此进行水体污染的分类和分级。评价顺序是：赋予各项监测值以评分数，将评分数转换成数学模式，再对水质因子进行污染分级，写出污染表达式；最后，计算各河流（或河段、水域）的总污染系数。

（1）监测项目与评分标准。为了全面评价地表水体，原则上讲，所有项目都应监测。一般情况下，BOD_5、DO、COD_{Mn}、挥发性酚、氰化物、Cu、As、Hg、Cd、六价铬、NH_3—N、ABS、石油类等13项是必须监测的。

对地面水质的单一项目或污染物的评分用"地表水质单一项目或毒物的分级与评分标准表"（表5-11）。表中把单一项目或污染物的含量分为Ⅰ级、Ⅱ级、Ⅲ级、Ⅳ级、Ⅴ级，评分时一般分别给予10分、8分、6分、4分、2分。10分最理想，2分最差。表中Ⅰ级除DO、BOD_5、COD_{Mn}、Cu外，其他为饮用水标准；DO、BOD_5、COD_{Mn}是根据大量监测资料确定的；Cu为水产用水标准。Ⅱ级除ABS外，不大于水产用水标准。Ⅲ级为地面水标准；Ⅳ级为农田灌溉用水标准；超过农田灌溉用水标准的数值为Ⅴ级。

表 5-11　地表水质单一项目或毒物的分级与评分标准

分级	Ⅰ		Ⅱ		Ⅲ		Ⅳ		Ⅴ	
	浓度/(mg·L^{-1})	评分	浓度/(mg·L^{-1})	评分	浓度/(mg·L^{-1})	评分	浓度/(mg·L^{-1})	评分	浓度/(mg·L^{-1})	评分
DO	≥5	10	≥5	10	≥4	8	≥3	4	<3	2
BOD_5	≤2	10	≤3	8	≤4	6	≤10	4	>10	2
COD_{Mn}	≤5	10	≤8	8	≤10	6	≤25	4	>25	2
酚	≤0.002	10	≤0.01	8	≤0.01	6	≤1	4	>1	2
氰化物	≤0.01	10	≤0.02	8	≤0.05	6	≤0.5	4	>0.5	2
Cu	≤0.01	10	≤0.01	10	≤0.1	6	≤1.0	4	>1.0	2
As	≤0.02	10	≤0.03	8	≤0.04	6	≤0.1	4	>0.1	2
Hg	≤0.001	10	≤0.001	10	≤0.001	10	≤0.005	4	>0.005	2
Cd	≤0.01	10	≤0.01	10	≤0.01	10	≤0.1	4	>0.1	2
六价铬	≤0.05	10	≤0.05	10	≤0.05	10	≤0.1	4	>0.1	2
石油	0	10	≤0.05	8	≤0.3	6	≤10	4	>10	2
NH_3—N	≤0.2	10	≤0.5	8	≤1.0	6	≤30	4	>30	2
ABS	≤0.3	10	≤0.4	8	≤0.5	6	≤5	4	>5	2

（2）数学模式。为了概括地表示水质监测的总项数和各级别的项数，采用数学模式，其写法为

$$SN_{10}^{n}N_{8}^{n}N_{6}^{n}N_{4}^{n}N_{2}^{n} \tag{5-22}$$

式中　S——监测总项数；

N_{10}^{n}、N_{8}^{n}、N_{6}^{n}、N_{4}^{n}、N_{2}^{n}——监测值得 10 分、8 分、6 分、4 分、2 分的项数。

其中得 4 分和 2 分的为超过地表水标准的项数。例如，某监测点的数学模式为 $8N_{10}^{4}N_{8}^{1}N_{6}^{0}N_{4}^{2}N_{2}^{1}$，表示监测总项数为 8 项，其中得 10 分的 4 项、8 分的 1 项、6 分的 0 项、4 分的 2 项、2 分的 1 项，有 3 项超地表水标准。

（3）污染分级。地面水质的综合评价分为 5 级，即 W_1 级——第一级（优秀），也称为饮用级；W_2 级——第二级（良好级），也称为水产级；W_3——第三极（标准级），也称为地表级；W_4 级——第四级（污染级），也称为污灌级；W_5——第五级（重污染级），也称为弃水级。

（4）污染表达式。为了一目了然地表示监测项数、污染级别和超标项数，

采用“污染表达式”来表示，即

$$SW_J - C \tag{5-23}$$

式中 S——监测总项数；

W_J——污染级别；

C——超标项数。

如 $13W_2—1$ 这一污染表达式，表示监测项数为 13 项，水质属 W_2 级，有 1 项超过地表水标准。

8. 分级型指数

该指数是生态环境部标准处推荐的一种水质评价方法。

（1）分级型指数的特点。该指数是与我国地表水质量标准相配套的方法。有 6 级 15 个因子，将地表水水质级别分为 6 级，前 3 级分别与原来的地表水质量标准的Ⅰ级、Ⅱ级、Ⅲ级相同，后 3 级又做了轻污染、中污染、重污染的划分。根据评价因子的实测浓度，依照 6 级标准评分、分级。具体规定了评价的表达方式，而且污染因子浓度不同，具体评价模式不同。

（2）水质分级浓度的限值。分级型指数的水质分级浓度限值见表 5-12。

表 5-12　地表水水质分级浓度限值

项目	评价分级					
	地表水环境质量标准			污染水质分级		
	第一级（Ⅰ）	第二级（Ⅱ）	第三级（Ⅲ）	轻污染（Ⅳ）	中污染（Ⅴ）	重污染（Ⅵ）
臭/级	无异臭	臭强度一级	臭强度二级	臭强度三级	臭强度四级	臭强度五级
色度/度	≤10	≤15	≤25	>25	>40	>50
DO/(mg·L^{-1})	饱和率≥90%	≤6	≥4	<4	<3	<1
BOD_5/(mg·L^{-1})	≤1	≤3	≤5	>5	>15	>30
COD/(mg·L^{-1})	≤2	≤4	≤6	>6	>20	>50
挥发酚/(mg·L^{-1})	≤0.001	≤0.005	≤0.01	>0.01	>0.1	>0.5
氢化物/(mg·L^{-1})	≤001	≤0.05	≤0.1	>0.1	>0.5	>2
Cu/(mg·L^{-1})	≤0005	≤0.01	≤0.03	>0.03	>0.2	>2.0
As/(mg·L^{-1})	≤0.01	≤0.04	≤0.08	>0.08	>0.3	>1.0
总汞/(mg·L^{-1})	≤0.0001	≤0.0005	≤0.001	>0.001	>0.001	>0.005
Cd（Ⅳ)/(mg·L^{-1})	≤0001	≤0.005	≤0.01	>0.01	>0.005	>0.1

续表

项目	评价分级					
	地面水环境质量标准			污染水质分级		
	第一级（Ⅰ）	第二级（Ⅱ）	第三级（Ⅲ）	轻污染（Ⅳ）	中污染（Ⅴ）	重污染（Ⅵ）
Cr/(mg·L⁻¹)	≤0.01	≤0.02	≤0.05	>0.05	>0.2	>1.0
Pb/(mg·L⁻¹)	≤0.01	≤0.05	≤0.1	>0.1	>0.3	>1.0
石油类/(mg·L⁻¹)	≤0.05	≤0.3	≤0.5	>0.5	>5.0	>20
大肠杆菌/(个·L⁻¹)	≤500	≤10000	≤50000	>50000	>300000	>500000

（3）水质等级分值。分级型水质等级分值见表 5－13。

表 5－13　水质等级分值表

级别	单因子分值	总评价分值	级别	单因子分值	总评价分值
第一级（Ⅰ）	10	145～150	轻污染（Ⅳ）	6	110～119
第二级（Ⅱ）	9	135～144	中污染（Ⅴ）	3	90～109
第三级（Ⅲ）	8	120～134	重污染（Ⅵ）	1	15～89

（4）评价模式。当所有评价因子浓度都在Ⅰ～Ⅲ级范围时，按总分值确定水质等级，其表达式为

$$\frac{\sum x_i}{P} \tag{5-24}$$

当评价因子中游属于级别Ⅳ～Ⅴ级时，以水质最差的污染因子所在的级别作为定级依据，并注明该因子的化学符号或中文名称，评价表达式为

$$\frac{\sum x_i}{P_{\max}(X)} \tag{5-25}$$

式中　x_i——评价因子相应的分值；

P——总分值相应的水质等级；

$P_{\max}$——水质最差的评价因子所属的水质级别；

X——最差的污染因子的化学符号或名称。

5.4.2　底质质量评价和水生生物评价

5.4.2.1　底质质量评价

底质，又称沉积物，来源于矿物、岩石、土壤的自然侵蚀产物；生物过

程的产物；有机质的降解物；污水排出物和河床母质等所形成的混合物，随水流迁移而沉降累积在水体底部的堆积物质。水、水生生物和底质组成了一个完整的水环境体系。底质中蓄积了各种各样的污染物，能够记录给定水环境的污染历史，反映难以降解的污染物的累积情况。底质中蓄积的部分污染物又易于扩散到水体中，导致水质的二次污染。对于全面了解水环境的现状、水环境的污染历史、底质污染对人体的潜在危险、底质污染对水体的潜在危险，底质监测是水环境监测中不可忽视的重要环节。通过对底质的物理、化学和生物等特性的分析以及对底质环境的研究，可以确定污染源位置，判断水体受污染的程度和时间。

用污染物指数法评价底质污染状况时，其难点在于缺少底质的评价标准。对湖泊来说，通常是在进行湖区土壤中有害物质自然含量调查的基础上进行评价，其计算公式为

$$I_i=\frac{\rho_i}{S_i} \tag{5-26}$$

式中 I_i——i 污染物的评价指数；

ρ_i——底质中的污染物实测值，mg/t；

S_i——湖区土壤中 i 污染物的自然含量，mg/t。

计算出各种参数的污染指数后，按内梅罗指数，即式（5－14），将计算所得的指数值按表 5－14 对底质污染状况进行分级。

表 5－14　　底质污染状况分级表

底质污染指数	污染程度分级
<1.0	清洁
1.0～2.0	轻污染
2.0 以上	污染

5.4.2.2　水生生物评价

生物与非生物环境是相互关联的。非生物环境影响生物的分布与生长，非生物环境中任何一个因子的改变都会引起生物的变化；生物的一切变化，都可作为了解环境状况、评价环境质量的依据。生物在环境评价中有其特殊意义。首先，它所表现的症状是对环境条件综合影响的反映；其次，由于任何一种生物都有一定的生活周期，所以，它所表示的是一段时间内的环境质量，是对污

染状况的连续性、累积性的反映，与其他评价指标相比，生物评价更具有代表性和准确性，也是其他方法不能取代的。生物评价的不足之处是易受污染以外的其他因素的影响，不像物理、化学指标那样能提供准确的数量概念。

1. 水生生物评价发展沿革

水生生物评价是指通过对水体中水生生物的调查或对水生生物的直接检测来评价水体的生物学质量。1902年，德国科学家Kolkwita和Marsson建立的污水生物系统是最早的评价水体有机污染的定性系统；1933年，Wright和Todd利用生物指数计算了水体中寡毛类的密度来反映水体的污染程度；1955年，在污水生物系统的基础上建立了Saprobic指数及计算公式；同年，Beck建立了第一个真正意义上的生物指数（Beck's Biotic Index），即基于所有底栖动物的耐污能力建立的评价指数，为以后生物指数的发展奠定了基础；1961年，在Saprobic指数计算公式中增加了物种的指示权重，即根据物种在不同污染带出现概率的大小赋予不同的指示权重；1964年，在Saprobic指数的基础上又提出了生物指数TBI（Trent Biotic Index），该指数解决了Saprobic指数应用中的一个最大难题，即将生物的鉴定水平由种提升至属或科，但该指数准确性较低；1972年，南非的Chutter在TBI的基础上首次提出了BI指数，并用简单的数学公式替代了欧洲国家普遍采用的计分系统，BI指数的建立为水生生物评价注入了新的活力，并逐渐被研究者和环境管理者接受；1977年，美国学者Hilsenhoff对BI指数进行了修订，建立了HBI指数（Hilsenhoff Biotic Index）。

除此之外，生物多样性指数的提出促进了水生生物评价的发展。1977年，Whittaker将生物多样性或群落多样性划分为α多样性、β多样性和γ多样性，一般认为α多样性就是物种多样性。物种多样性是指物种种类与数量的丰富程度，是一个区域或一个生态系统可测定的生物学特征指标。它是应用数理统计方法求得的表示生物群落和个体数量的指标，用以评价环境质量状况。在清洁的沉积环境中，通常生物种类极其多样，但由于竞争，各种生物不仅以有限的数量存在，且相互制约而维持着生态平衡。当沉积环境及水体受到污染后，不能适应的生物或者死亡淘汰，或者逃离；能够适应的生物生存下来。由于竞争生物的减少，使生存下来的少数生物种类的个体数大大增加。因此，清洁水域中生物种类多，每一种的个体数少；而污染水域中生物种类少，每一种的个体数多，这是建立种类多样性指数式的基础。

目前，生物学界已提出大量的群落多样性测度指数和模型，但要选择一个适合的方法仍有一定难度。常用的判别方法是看各种多样性测度方法对一组数据的应用效果，用于检验的数据分为两类：一类是理论数据；另一类是真实的调查数据。根据相应的数据来看多样性测度方法对物种丰富度和均匀度变化的反应。然而，现实世界中物种丰富度与均匀度常常是相关的，并非像大多数理论数据中那样各自独立地变化，因此采用现实数据来选择多样性测度方法就更有意义。综合大多数学者的研究结果，Margalef 物种丰富度指数、Shannon - Wiener 指数、Simpson 指数等是值得推荐的群落多样性指数。在反映物种变化的多样性指数中，Simpson 指数被认为是反映群落优势度较好的一个指数，又称为优势度指数，是对多样性的反面即集中性的度量；Margalef 指数则被认为是反映物种丰富度较好的一个指数。蔡立哲等研究表明，以密度（数量）计算的 H 值（Shannon - Wiener 种类多样性指数）比以生物量计算的 H 值更能反映污染状况；Shannon - Wiener 指数比 Margalef、Simpson 和 Pielou 指数更能反映污染状况；Shannon - Wiener 指数能反映季节变化，但敏感度不够。

综上所述，生物指数在评价水体污染方面具有一定的优越性，但也不是万能工具，有些时候生物指数对污染指示不敏感，导致评价结果偏离实际情况。因此，在具体应用时要将评价方法与周围环境结合，运用多种指数进行综合评价，具体情况具体分析，而不能生搬硬套评价标准。下面将简单地介绍几种水生生物评价方法，作为水生生物生活环境及其耐污性的辅助手段，用于评价水体的污染情况。

2. 主要水生生物评价方法

（1）一般描述法。根据调查水体水生生物区系的组成、种类、数量、生态分布、资源情况等方面的描述，对比该水体或所在区域内同类水体的历史资料，对当前河流环境质量状况做出评价。这种方法较为常用，但由于资料的可比性较差，且要求评价人员具有丰富的经验，因而不易标准化。

（2）指示生物法。指示生物法是最简单的生物学水质评价方法。其原理是根据调查水体中对有机物或某些特定污染物质具有敏感性或较高耐受力的生物种类的存在或缺失，指示河段中有机物或某种特定污染物的多寡或降解程度。

指示生物通常选择栖息地较固定、生命期较长的生物物种。静水一般选用底栖动物或浮游生物做指示物，流水主要选用底栖生物或者着生生物，鱼类也可以作为指示生物。大型无脊椎动物由于移动力不强、体型较大、肉眼可见、较易采

集和鉴定，是应用较多的指示生物。同一类不同属或种的生物，对某种污染的敏感或者耐受程度虽然相似，但不完全相同，因此要精确地评价水质，最好将所用指示生物鉴定到种。下面给出不同污染程度水体下的主要指示性生物：

1）指示水体严重污染的生物主要有：颤蚓类（*Tubificid worms*）、毛蠓（*Psychoda alternata*）、细长摇蚊幼虫（*Tendipes attenuatus*）、绿色裸藻（*Euglena viridis*）、静裸藻（*E. caudata*）、小颤藻（*Oscillatoria tenuis*）等，均有在低 DO 条件下生活的能力。颤蚓类在 DO 为 15%的水体中仍能正常生活，所以成为受有机物污染十分严重的水体的优势种。美国学者提出以单位面积颤蚓的数量作为评价水体污染的指标，颤蚓数量越多，表示水体污染越严重。我国学者曾以颤蚓为指示生物，对第二松花江等水系进行监测和评价。我国常见的颤蚓类有霍甫水丝蚓（*Limnodrilus hoffmeisteri*）、中华拟颤蚓（*Rhyacodrilus sinicus*）和正颤蚓（*Tubifex tubifex*）等。

2）指示水体中度污染的生物主要有：居栉水虱（*Asellus communis*）、瓶螺（*Physaheteroteropha*）、被甲栅藻（*Scenedesmus armatus*）、四角盘星藻（*Pediastrum tetras*）、环绿藻（*Ulothrix zonata*）、脆弱刚毛藻（*Cladophora fracta*）、蜂巢席藻（*Phormidium favosum*）和美洲眼子菜（*Potamogeton americanus*）等，对低 DO 也有较好的耐受能力，会在中度有机物污染的水体中大量出现。指示清洁水体的生物，如纹石蚕（*Hydropsyche* sp.）、扁蜉（*Heptagenia*）和蜻蜓（*Anax junius*）的稚虫以及田螺（*Compeloma decisum*）、肘状针杆藻（*Synedra ulna*）、簇生竹枝藻（*Drapar naldia glomerata*）等，只能在 DO 很高、未受污染的水体中大量繁殖。利用指示生物可以对水体污染程度作出综合判断，而且还可以利用某些生物的行为变化和生理指标等对水体污染进行定性分析。如牡蛎（Ostrea）肉体颜色的改变可以反映海水中 Cu^{2+} 的污染，白鲢、鲤鱼、团头鲂的脑胆碱酯酶活力的变化可以反映有机磷农药的污染。

3）指示清洁水体的生物主要有：纹石蚕（*Hydropsyche* sp.）、扁蜉（*Heptagenia*）和蜻蜓（*Anax junius*）的稚虫以及田螺（*Compeloma decisum*）、肘状针杆藻（*Synedra ulna*）、簇生竹枝藻（*Draparnaldia glomerata*）等。

Kolkwitz 和 Narsson 以指示生物为基础，根据被有机物污染的河流自上游至下游，随着污染程度的减轻，出现不同特征性水生动植物的现象，提出了污水生物体系。凭借河流不同河段内出现的动植物区系，即可鉴定其有机物污染

的程度，见表 5-15。

表 5-15　　Kolkwitz 和 Narsson 污水体系各带的化学和生物特征

污染程度	多污带	A（中污带）	B（中污带）	寡污带
化学过程	因腐败现象引起的还原和分解作用明显开始	水及底泥中出现氧化	到处进行着氧化作用	因氧化使矿化作用达到完成阶段
DO	全无	有一些	较多	很多
BOD	很高	高	较低	低
H_2S 的形成	有强烈的 H_2S 味	无 H_2S 臭味	无	无
水中的有机物	有大量高分子有机物	因高分子有机物分解产生胺酸	有很多脂肪酸胺化合物	有机物全分解
底泥	往往有黑色硫化铁存在，故常呈黑色	在底泥中硫化铁已氧化成氢氧化铁，故不呈黑色	—	底泥大部分已氧化
水中细菌	大量存在，每毫升水中达 100 万个以上	数量很多，每毫升水中达到 10 万以上	数量减少，每毫升水中在 10 万个以下	数量少，每毫升水中在 100 个以下
栖息生物的生态学特征	所有动物皆为细菌摄食者；均能耐 pH 值的强烈变化；耐低 DO 的厌氧性生物；对硫化氢胺等毒性有强烈的抵抗作用	以摄食细菌动物占优势，其他肉食性动物，一般对 DO 及 pH 值变化有高度适应性；大致能容忍胺，对硫化氢仅有弱的耐性	对 DO 及 pH 值变动的耐性差；对腐败毒物无长时间耐性	对 DO 及 pH 值变动的耐性很差；特别是对腐败性毒物，如硫化氢等的耐性
植物	无硅藻、绿藻、接合藻以及高等植物出现	藻类大量发生，有蓝藻、接合藻及硅藻类出现	硅藻、绿藻、接合藻的种类出现；此带为鼓藻类主要分布区	水中藻类少，但着生藻类多
动物	微型动物为主，原生动物占优势	微型动物占大多数	多种多样	多种多样
原生动物	有变形虫、纤毛虫，但无太阳虫、双鞭毛虫及吸管虫	逐渐出现太阳虫、吸管虫，但无双鞭毛虫	太阳虫、吸管虫中耐污性弱的种类出现，双鞭毛虫也出现	仅有少数鞭毛虫和纤毛虫
后生动物	仅有少数轮虫，蠕形动物、昆虫幼虫出现，水螅、淡水海绵、藓苔动物、小型甲壳虫、贝类、鱼类不能在此生存	贝类，如甲壳虫类，昆虫有出现，但无淡水海绵、藓苔动物，鱼类中的鲤、鲫、鲶等可在此栖息	淡水海绵、藓苔动物、水螅、小型甲壳虫、贝类、两栖动物、鱼类均有出现	除各种动物外，昆虫幼虫种类极多

(3) 生物指数法。生物指数法是依据水体污染影响水生生物群落结构的原理，用数学形式表现群落结构的变化状况，从而指示水体质量的方法。

由污染引起的水质变化对生物群落的生态效应主要表现在：①某些对污染物没有指示价值的生物种类出现或消失，导致群落结构种类的组成发生变化；②群落中的生物种类在水污染趋于严重时减少，而在水质较好时增加，但在过于清洁的水中数量又会减少；③组成群落的个别种群变化（如种群数量变化）；④群落中种类组成比例的变化；⑤自养—异养程度的变化；⑥生产力的变化。

目前已提出大量的描述水体污染程度的生物指数和模型，如污染生物指数、贝克生物指数、硅藻类生物指数、Shannon - Wiener 多样性指数、Margalef 种类丰富度指数及自养指数等方法。

1) 污染生物指数 BIP。该指标表示无叶绿素微生物占全部微生物（有叶绿素和无叶绿素）的百分比，即

$$BIP=\frac{B}{A+B}\times 100\% \tag{5-27}$$

式中 A——有叶绿素微生物数量；

B——无叶绿素微生物数量。

水质情况与 BIP 有明显的相关性：$0\leqslant BIP<8$ 时，水体为清洁水；$8\leqslant BIP<20$ 时，水体为轻度污染水；$20\leqslant BIP<60$ 时，水体为中度污染水；$60\leqslant BIP\leqslant 100$ 时，水体为严重污染水。

2) 贝克生物指数 BI。贝克（Beek）于 1955 年提出一个简易的生物指数计算方法，该方法将调查发现的底栖动物分成 A 和 B 两大类，A 为敏感种类，在污染状况下从未发现；B 为耐污种类，在污染状况下才会出现。在此基础上，生物指数计算公式为

$$BI=2C+D \tag{5-28}$$

式中 C——采样的敏感种动物数目；

D——采样的耐污种动物数目。

依据该指标进行水体污染程度评价，标准如下：$0\leqslant BI<6$ 时，为重度污染水；$6\leqslant BI<10$ 时，为中度污染水；$10\leqslant BI<20$ 时，为轻度污染水；$BI\geqslant 20$ 时，为清洁水。

3）硅藻类生物指数 XBI。根据河流中硅藻的种类数计算生物指数，其计算公式为

$$XBI=\frac{2A+B-2C}{A+B-C}\times 100 \tag{5-29}$$

式中 A——不耐污染的种类数；

B——对有机污染无特殊反应的种类数；

C——在污染区内独有的种类数。

其评价标准为：$0\leqslant XBI<50$ 时，为多污带；$50\leqslant XBI<150$ 时，为中污带；$150\leqslant XBI<200$ 时，为轻污带。

4）Shannon－Wiener 多样性指数 H。Shannon－Wiener 多样性指数的计算公式为

$$H=-\sum_{i=1}^{s}\left(\frac{n_i}{N}\log_2\frac{n_i}{N}\right) \tag{5-30}$$

式中 n_i——样本中第 i 类个体数量，ind/L；

N——样本中所有个体数量，ind/L；

s——样本中的种类数。

当所有的个体在不同种中平均分布时，H 达到最大。

Shannon－Wiener 多样性指数与水样污染程度的关系为：$H>3$ 时，水体为轻度污染至无污染水；$1<H\leqslant 3$ 时，水体为中度污染水；$0\leqslant H\leqslant 1$ 时，水体为重度污染水。

5）Margalef 种类丰富度指数 d。Margalef 指数是多样性指数的一种，又称丰度指数，其计算公式为

$$d=\frac{s-1}{\ln N} \tag{5-31}$$

式中 s——样本中的种类数；

N——样本中所有个体的数量。

d 值的高低表示种类多样性的丰富与匮乏，其值越大表示水质越好。

6）自养指数 AI。用去灰分重（mg/m^3）与叶绿素（mg/m^3）的比值来表明水体受到污染的程度，AI 的表达式为

$$AI=\frac{\text{去灰分重}}{\text{叶绿素}} \tag{5-32}$$

将 AI 用于水质评价时，一般认为 $50 \leqslant AI \leqslant 100$ 时表示所在水体未受污染；$AI > 100$ 时则表示水体受到污染。

5.4.3 生境因子评价

随着经济的快速发展，河流在保障经济生活和建设良好生存环境中的作用越来越大。一方面，人类在发展经济和开发利用水资源的同时，忽视了生态系统对水的依赖性及其对生态系统的支撑能力，将生产、生活过程中产生的大量污水排放到河流，使原本健康或者十分脆弱的生态系统急剧退化或受损；另一方面，由于人类改造自然的能力不断增强和对河流生态系统平衡缺乏足够的认识而采取了“截留”“裁弯取直”“渠化”“硬化”等破坏河相多样化的水利工程，导致原有的自然河道消失、江河断流、湿地萎缩、水生生物生存和繁衍的空间大幅度减少、水体自然净化能力降低、水体污染、生物多样性减少等一系列生态与环境问题。河流生态系统是淡水生态系统的重要组成部分，健康的河流生态系统对支撑社会经济可持续发展具有重要的影响。为促进河流健康运行、人水和谐，加强河流生态系统的保护或修复工作已迫在眉睫，而分析各因子对河流生态系统的胁迫程度是做好河流生态系统保护或修复的基础和前提。

1. 河流主要生境因子分析

河流生态系统中生物群落与生境具有一致性，什么样的生境造就什么样的生物群落。生境是生物群落的生存条件，生境的多样性是生物群落多样性的基础。影响河流生态系统的因素有自然因素和人类社会活动因素，其中自然因素（主要是气温和降雨）对河流的干扰是不可控的，人类社会活动是影响河流生态系统的最主要因素。人类社会活动对河流生态系统的影响首先是河流生境条件的改变，主要表现在：①河流水文条件的改变，如水量、水位、流速、径流过程等；②河流地貌特征的改变，如河流纵向形态、横向形态、河流泥沙情况（包括悬移质和河床质）、河岸土壤及地质条件等；③水环境条件的改变，如水质、水温等。河流的水文条件、地貌特征及水环境条件直接影响到河流生物栖息地质量，进而决定了河流生态系统的生物多样性水平。河流生境因子及其对河流生态系统引起胁迫的主要原因与影响见表5-16。

表 5-16　河流生境因子及其对河流生态系统引起胁迫的主要原因与影响

生境因子		引起胁迫的主要原因	对河流生态系统的主要影响
水文条件	流量	超量取水	河道物理特征改变，满足不了河流生态需水量要求，生态功能退化，生物多样性降低
	径流过程	水库调蓄	改变了自然河流丰枯变化的水文模式，打破河流生物群落和生长条件和规律，导致有些靠丰枯变化抑制的有害物种暴发
地貌特征	纵向蜿蜒性	河流纵向自然形态直线化	生境异质性减少，导致生物多样性降低
	纵向连续性	水库、闸坝等水利工程建设	河流纵向水流、营养物质输送及生物通道不连续，导致生物多样性降低
	横向断面多样性	河流横断面规则化、渠道化	生境异质性减少，导致生物多样性降低
	横向连通性	堤防、刚性硬质不透水护坡等水利工程建设	河流横向水流、营养物质输送及生物通道不连续，导致生物多样性降低
	泥沙冲淤及河势状况	森林的砍伐、山地开垦、过度放牧，导致水土流失及水流对河岸的冲刷	河流泥沙冲淤失衡，河势发生变化
	河岸植被覆盖率	河岸土壤的物理化学性能（如土质、渗透性等）及人类的干扰（如对河岸带土地的开垦、采用硬质护坡等）	降低河岸带生物栖息地质量及河流系统的水质自净化能力及美学价值，影响河岸带功能
	河岸与地下水的交换性	防渗水利工程（如高封闭率防渗墙工程）	阻隔了河道水与近水域陆地区域地下水间的交换，导致近水域陆地地区水环境恶化
水环境条件	水质	工业、生活废水排放的点源污染及农业造成的面源污染	生物生存条件恶化，生物数量种类减少，河流功能退化
	水温	水库底孔下泄、河岸及河道内遮蔽物的减少	控制着许多水生冷血动物的生化和生理过程，进而影响生物的多度和丰度
	底泥污染	排入河流中的污染物质被底泥吸附	泥沙对污染物质的吸附和解析作用影响水生环境

2. 生境因子对河流生态系统胁迫程度分析

分析河流生境因子对河流生态系统的胁迫程度是准确确定河流生态修复整治目标、制定切实可行的河流生态修复方案的前提。由于河流所处的地理区域、自然条件、受人为因素干扰各不相同，导致每条河的主要胁迫因子不同。如北方有的河流由于本身水资源量少，加上开发利用率又太高，导致河流经常性断流，因此水量是这条河的最主要胁迫因子，保证河流生态需水流量是生态修复整治的首要任务。而南方有的河流，水资源较为丰富，但水体污染非常严重，导致因水环境恶化的水质性缺水，因此首先应对水质这个胁迫因子进行整治。总之，在对河流胁迫因子分析中确定各胁迫因子的整治顺序是非常必要的，可为有针对性地进行河流生态修复提供决策依据。

从河流水文条件、地貌特征及水环境条件 3 个方面将河流生态系统主要划分为 12 个生境因子，首先就每个因子对河流生态系统的胁迫影响进行权重赋值。权重 W 的确定是至关重要的。迄今为止，对权重的确定问题已进行了大量的研究，有以研究人员的实践经验和主观判断为主来确定权重的，也有用各种数学方法为主来确定权重的，例如经验权重法、专家咨询法、统计平均值法、指标值法、相邻指标比较法、灵活偏好矩阵法、抽样权数法、比重权数法、逐步回归法、灰色关联法、主成分分析法、层次分析法、模糊逆方程法等。为了尽量减少主观随意性，提高权重的客观性和准确性，选用目前较常用的专家咨询法进行权重赋值。其次，将每个生境因子状态 M 分为优、良、中等、差和极差 5 个标准等级，分别给这 5 个标准等级对应赋予 1、2、3、4、5 的分值。每个因子的状态描述及状态赋值见表 5－17、表 5－18。每个生境因子对河流生态系统的胁迫评分值的计算公式为

$$E_i = \omega_i M_i \tag{5-33}$$

式中 E_i——第 i 个生境因子对生态系统的胁迫评分值；

ω_i——第 i 个生境因子对河流生态系统的胁迫权重；

M_i——第 i 个生境因子的状态得分值。

表 5－17　　生境因子不同等级状态描述

胁迫因子	优	良	中　等	差	极　差
纵向蜿蜒性	自然状态	对少量蜿蜒段进行直线化	有 50% 左右蜿蜒段直线化	大多数蜿蜒段直线化	绝大多数蜿蜒段直线化
纵向连续性	自然状态	对纵向营养物质输送及生物通道影响较轻	对纵向营养物质输送及生物通道影响一般	对纵向营养物质输送及生物通道影响较严重	对纵向营养物质输送及生物通道影响非常严重
横向断面多样性	自然状态	有少量河段断面均一化	有 50% 左右河段断面均一化	大多数河段断面均一化	绝大多数河段断面均一化

续表

胁迫因子	优	良	中等	差	极差
横向连通性	自然状态	对横向营养物质输送及生物通道影响较轻	对横向营养物质输送及生物通道影响一般	对横向营养物质输送及生物通道影响较严重	对横向营养物质输送及生物通道影响非常严重
泥沙冲淤及河势状况	冲淤平衡，河势相当稳定	冲淤基本平衡，河势较稳定	冲淤一般，河势没有大的变化	冲淤失衡，河势变化大	冲淤严重失衡，河势变化相当大
河岸植被覆盖率	≥80%	60%～80%	40%～60%	20%～40%	≤20%
河岸与地下水的交换性	自由交换	截渗墙封闭率小于50%	截渗墙封闭率50%～75%	截渗墙封闭率75%～90%	截渗墙封闭率大于90%
流量	不小于多年平均的60%	多年平均的50%～60%	多年平均的30%～50%	多年平均的10%～30%	不大于多年平均的10%
径流过程	自然状态	与自然径流过程变化不大	与自然径流过程变化一般	与自然径流过程变化较大	与自然径流过程变化非常大
水质	Ⅰ类	Ⅱ类	Ⅲ类	Ⅳ类	Ⅴ类
水温	非常适宜生物生长	较适宜生物生长	对生物生长有一定的影响	对生物生长影响较大	对生物生长影响很大
底泥污染	无	轻微	轻度	中等	严重

表 5-18　　生境因子不同等级状态赋值

生境因子状态等级	优	良	中等	差	极差
赋值	1	2	3	4	5

（1）在权重赋值时，应兼顾胁迫因子整治的可行性及经济性，如因水库大坝造成河流的纵向连续性较差，但若要恢复因水库大坝造成的连续性胁迫需要付出巨大代价或不可行时，则此项权重应降低，反之亦然。

（2）可根据河流实际情况对生境因子指标适当进行增减。根据生境因子的胁迫评分值大小来确定其整治顺序，分值越高说明其对生态系统的胁迫越严重；反之亦然。因此评分值最高的因子应成为河流的首要整治对象。

3. 案例分析

现以江西省某典型堤防整治加固工程为例，分析其整治后受干扰的生境因子对河流生态系统的胁迫程度，为今后江西省在堤防加固中，针对性地采用生

态工程技术，尽可能地减少对河流生态系统的胁迫，促进河流健康运行提供指导。

（1）生境因子选定。堤防整治加固中所采用的措施如下：

1）护坡及护岸。采用的形式、范围及对河流生态系统的影响分析见表5-19。

表5-19　护坡及护岸采用的形式、范围及对河流生态系统的影响分析

形式		比例	对河流生态系统影响分析
护坡	混凝土预制块及现浇混凝土护坡	占护坡整治总长的84%	为刚性硬质护坡，具有较强的防水流冲刷能力，但由于其将整个迎水坡面封闭起来，必然会对河岸带的生态功能造成较大的负面影响：①影响河岸动植物生长、生存、栖息环境；②影响河流水体水质；③影响景观环境
	混凝土网格—草皮及草皮护坡	占护坡整治总长的16%	为生态护坡，利于生物生长、觅食、产卵、栖息、避难、遮阴等，促进河流生物种群多样性的增加
护岸	混凝土预制块及抛石	用于迎流顶冲、急流傍岸等原因形成的直接危及圩堤安全的陡岸，占堤线总长的13%左右	设计枯水位以上部分采用混凝土预制块护岸，设计枯水位以下部分采用抛石固脚。混凝土预制块护岸对生态的影响同混凝土预制块护坡。抛石固脚护岸具有多空隙特性及表面粗糙性，能起到消能护岸作用，促使水流携带物沉积，利于水生植物的自然生长及水生动物栖息

2）堤身堤基防渗。防渗措施有垂直防渗措施（锥探灌浆、深层搅拌、垂直铺塑、射水造墙）、斜墙防渗措施（土工膜斜墙）及堤后实施填塘固基。实施的堤段占总堤段的比例（封闭率）为48.99%。据有关实测检测资料分析，防渗封闭率在75%的情况下防渗墙对圩区内的水环境基本不会产生明显影响。

3）堤身培厚加高及整坡。对堤身内外坡进行修整，堤内滩地及河槽保持原状，河流横断面基本保持原状，堤身培厚加高土方填筑压实度内外全为0.93。但根据美国陆军工程师团的研究，表层土压实度介于80%～85%时，基本能满足岸坡稳定和植物生长发育的双重要求，表层土压实度为0.93，会对岸坡植物生长发育造成一定的困难。

4）河段裁弯取直。个别城区段进行了裁弯取直，总长不到总堤长的0.7%，堤防纵向基本保持了原有的形态。

根据以上整治措施进行工程整治后，河流受干扰主要生境因子有纵向蜿蜒性、横向断面多样性、河岸植被覆盖率、河岸与地下水的交换性、泥沙冲淤及河势状况5个生境因子发生了较大变化，因此，选定以上生境因子分析其对河流生态系统的胁迫程度。

（2）胁迫程度分析。首先采用专家咨询法对选定的5个生境因子对河流生态系统的胁迫权重ω_i进行赋值，再根据各生境因子所处的状态确定其状态得分值M_i，最后由式（5-33）得出对生态系统的胁迫评分值，具体结果见表5-20。

表5-20 生境因子对生态系统的胁迫评分值

生境因子	纵向蜿蜒性	横向断面多样性	河岸植被覆盖率	河岸与地下水的交换性	泥沙冲淤及河势状况
对河流生态系统的胁迫权重ω_i	0.2	0.2	0.3	0.2	0.1
状态描述	少量蜿蜒段进行直线化	自然状态	16%	截渗墙封闭率为48.99%	河势相当稳定
生境因子状态得分值M_i	2	1	5	2	1
胁迫评分值E_i	0.4	0.2	1.5	0.4	0.1

从以上的分析可知，此堤在整治后河岸植被覆盖率较低对河流生态系统的胁迫最大，而造成河岸植被覆盖率较低的主要原因是整治措施中护坡绝大多数采用的是传统的刚性硬质不透水护坡。因此，在今后的堤防整治中应尽可能采用生态护坡，减少因堤防整治造成河流生态系统产生新胁迫的可能性。

受传统治河理念影响及认知不足，人类对河流开发利用的同时，又产生了许多新的胁迫。目前，我国大多数河流生态系统已严重恶化，对经济发展的负面作用日益突出。我国在河流生态修复方面虽然处于探索起步阶段，但大家越来越认识到河流生态系统保护或修复的紧迫性及重要性，并逐步在研究、开展此项工作。河流生境因子对河流生态系统胁迫程度的分析，对针对性地开展好河流生态修复工作，促进河流健康运行，具有现实指导意义。

5.5 水环境影响评价

水环境影响评价的目的是定量预测未来的开发活动或建设项目向受纳水体排放的污染物的量，确定建设前水环境背景的状况，分析建设项目投产后水环境质量的变化，解释污染物质在水体中的输送和降解规律，提出建设项目和区域环境污染源的控制和防治对策。

5.5.1　水环境影响评价概述

1. 环境影响评价

环境影响评价是环境保护政策的重要组成部分，也称为环境预测评价或环境未来评价。它是指在从事建设项目或国家制定规定、政策和法律时，应当在计划阶段或正式实施前，就事前对环境可能产生影响的范围和程度加以调查，对规划和建设项目实施后可能造成的环境影响进行分析、预测和评估，提出相应的预防或者减轻不良环境影响的意见和对策，并进行跟踪监测的方法与制度。

环境影响评价按照所评价的对象，可分为规划环境影响评价和建设项目环境影响评价。规划环境影响评价又可分为区域规划环境影响评价和专项规划环境影响评价两类。建设项目环境影响评价根据评价结果可分为：①可能造成重大环境影响的建设项目评价；②可能造成轻度环境影响的建设项目评价；③对环境影响很小的建设项目评价。

2. 水环境影响评价制度

水环境影响评价是环境影响评价的重要组成部分。水环境影响评价制度是指国家通过法定程序，以法律、法规或行政规章的形式对水环境影响评价工作进行确立且强制实施的制度。1979 年 9 月我国颁布的《中华人民共和国环境保护法（试行）》，首次以立法的形式确立了水环境影响评价制度。2002 年，我国颁布了针对环境影响评价工作的专项法律《中华人民共和国环境影响评价法》，对水环境影响评价制度作了更为详细明确的规定。目前，我国已经建立了水环境影响评价的法规体系。开展水环境影响评价工作须严格贯彻《中华人民共和国环境保护法》《中华人民共和国水污染防治法》和《中华人民共和国环境影响评价法》等法规，同时还须依据有关标准、技术规范，例如《地表水环境质量标准》（GB 3838—2002）、《污水综合排放标准》（GB 8978—1996）、《地下水质量标准》（GB/T 14848—2007），以及适用于各行业的环境影响评价技术导则等。

3. 水环境影响评价等级

根据《环境影响评价技术导则—地表水环境》（HJ/T 2.3—2018）的规定，地表水环境影响评价等级的划分主要根据建设项目的污水排放量、污水水质的复杂程度、各种受纳污水水域的规模以及对水质的要求来划分，共分为 3 个级别。其中，一级评价最详细，二级次之，三级较简略，内陆水体的分级判据见表 5-21。

表 5-21　　地表水环境影响评价分级判据（内陆水体）

建设项目污水排放量/($m^3 \cdot d^{-1}$)	建设项目污水水质的复杂程度	一级		二级		三级	
		地表水域规模（大小规模）	地表水质要求（水质类别）	地表水域规模（大小规模）	地表水质要求（水质类别）	地表水域规模（大小规模）	地表水质要求（水质类别）
≥20000	复杂	大	Ⅰ～Ⅲ	大	Ⅳ、Ⅴ		
		中、小	Ⅰ～Ⅳ	中、小	Ⅴ		
	中等	大	Ⅰ～Ⅲ	大	Ⅳ、Ⅴ		
		中、小	Ⅰ～Ⅳ	中、小	Ⅴ		
	简单	大	Ⅰ、Ⅱ	大	Ⅲ～Ⅴ		
		中、小	Ⅰ～Ⅲ	中、小	Ⅳ、Ⅴ		
<20000，≥10000	复杂	大	Ⅰ～Ⅲ	大	Ⅳ、Ⅴ		
		中、小	Ⅰ～Ⅳ	中、小	Ⅴ		
	中等	大	Ⅰ、Ⅱ	大	Ⅲ、Ⅳ	大	Ⅴ
		中、小	Ⅰ、Ⅱ	中、小	Ⅲ～Ⅴ		
	简单			大	Ⅰ～Ⅲ	大	Ⅳ、Ⅴ
		中、小	Ⅰ	中、小	Ⅱ～Ⅳ	中、小	Ⅴ
<10000，≥5000	复杂	大、中	Ⅰ、Ⅱ	大、中	Ⅲ、Ⅳ	大、中	Ⅴ
		小	Ⅰ、Ⅱ	小	Ⅲ、Ⅳ	小	Ⅴ
	中等			大、中	Ⅰ～Ⅲ	大、中	Ⅳ、Ⅴ
		小	Ⅰ	小	Ⅱ～Ⅳ	小	Ⅴ
	简单			大、中	Ⅰ、Ⅱ	大、中	Ⅲ～Ⅴ
				小	Ⅰ～Ⅲ	小	Ⅳ、Ⅴ
<5000，≥1000	复杂			大、中	Ⅰ～Ⅲ	大、中	Ⅳ、Ⅴ
		小	Ⅰ	小	Ⅱ～Ⅳ	小	Ⅴ
	中等			大、中	Ⅰ、Ⅱ	大、中	Ⅲ～Ⅴ
				小	Ⅰ～Ⅲ	小	Ⅳ、Ⅴ
	简单					大、中	Ⅰ～Ⅳ
				小	Ⅰ	小	Ⅱ～Ⅴ
<1000，≥200	复杂					大、中	Ⅰ～Ⅳ
						小	Ⅰ～Ⅴ
	中等					大、中	Ⅰ～Ⅳ
						小	Ⅰ～Ⅴ
	简单					中、小	

低于第三级地表水环境影响评价条件的建设项目，不必进行地表水环境影响评价，只要求进行简单的水环境影响分析。对于不同级别的地表水环境影响评价，其环境现状调查、环境影响预测和评价等均应符合相应的技术要求。

5.5.2 水环境影响评价工作程序

根据评价对象，可将水环境影响评价分为地表水环境影响评价和地下水环境影响评价。下面以地表水环境影响评价为例，简要介绍其主要工作程序。

1. 地表水环境影响评价等级划分

根据拟建项目排放的废水量，废水组分复杂程度，废水中污染物迁移、转化和衰减变化特点及受纳水体规模和类别，《环境影响评价技术导则—地表水环境》（HJ/T 2.3—2018）将地表水环境影响评价分为三级（表 5 - 21）。不同级别的评价要求是不同的，一级评价项目要求最高，二级次之，三级最低。低于三级评价要求的建设项目，不必再进行地表水环境影响评价，只需进行简单的水环境影响分析即可。

2. 地表水环境影响评价工作程序

地表水环境影响评价工作分为三个阶段。

第一阶段为准备阶段，主要工作为收集和研究有关文件，进行初步的工程分析；踏勘现场，进行水环境状况现场调查，筛选重点评价项目，确定地表水环境影响评价的工作等级、评价范围及评价标准，编写地表水环境影响评价工作方案。

第二阶段为正式工作阶段，主要工作为进一步进行工程分析和环境现状分析，预测项目可能造成的地表水环境影响，依据有关技术标准和指南进行地表水环境影响范围和程度的评价。

第三阶段为报告编写阶段，综合各阶段的工作成果得出评价结论，提出地表水环境保护对策和防治措施，编写《环境影响评价报告书》中有关地表水环境影响部分的内容。地表水环境影响评价工作程序如图 5 - 1 所示。

3. 地表水影响评价工作方案编写

地表水环境影响评价工作方案是开展影响评价的总体设计和行动指南。工作方案的编写应以建设项目为基础，以水环境保护法规为依据，以相关政策为指导，以水环境质量为尺度，坚持严肃和科学的态度；同时，工作方案的编写

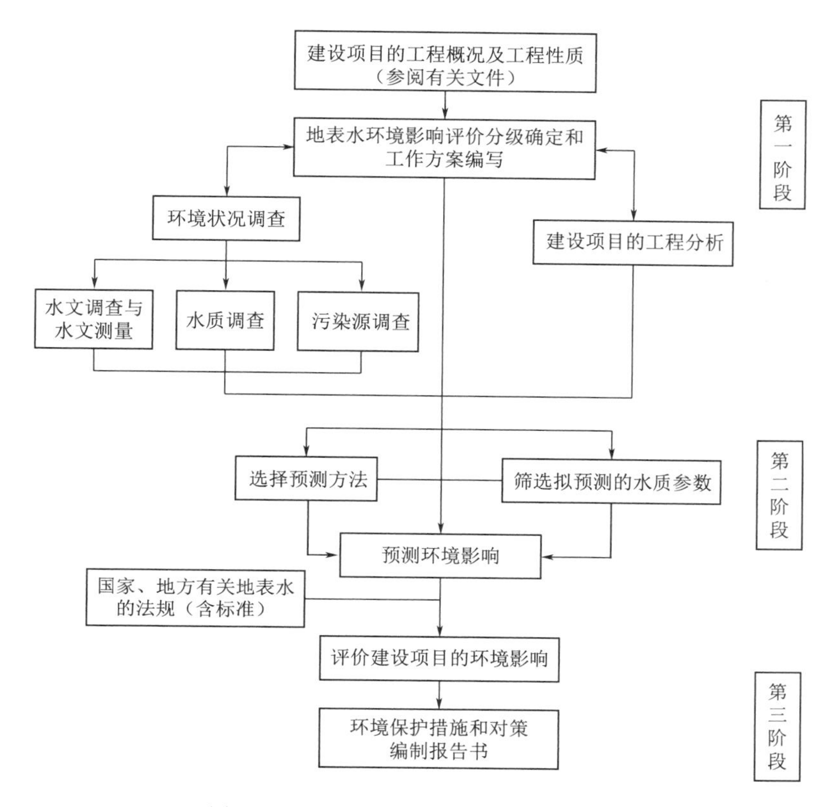

图 5-1　地表水环境影响评价工作程序

应目的明确，评价范围的划分应科学合理，标准选取和等级确定适当，工程分析过程与结果完备，评价因子的筛选满足环保目标的要求。地表水环境影响评价工作方案一般包括编制依据、建设项目概况、建设项目所在地区的环境概况、评价工作内容（包括评价范围、评价因子、监测断面的布设、监测项目、分析方法、评价标准、预测方法，地表水环境保护措施的可行性及建议、经济损益简要分析等）、组织实施与进度安排等。

5.5.3　水环境影响识别

1. 对地表水水量和水质影响的识别

项目特征与地表水水量及水质的关系如下：

(1) 项目的类型与其影响的直接联系，可以从项目的建设期和运行期进行分析，重点分析水的利用、废水回用与处理及其引起周围水体水量与水质改变

的情况。

(2) 项目所在位置与水体所受影响的关系，包括项目建设所需的时间以及建设期的活动引起的影响。

(3) 识别位于特殊地点的拟建项目的要求，例如与洪水控制、该区域后续的工业开发、经济发展和许多其他相关的影响等。

(4) 对拟建项目的选址、生产工艺、施工过程的考虑都应是多方案备选的，故应对各方案进行具体的工程分析，识别其影响，进一步通过对每个方案的预测进行优选。

2. 评价因子的筛选

筛选水体的影响评价因子是工程分析和环境影响识别的成果。评价因子的筛选应根据评价项目的特点和地表水环境污染特点而定。一般考虑：①按等标排放量（或等标污染负荷）P 值大小排序，选择排位在前的因子，但对那些毒害性大、具有持久性的污染物等应慎重研究再决定取舍；②在受项目影响的水体中已造成严重污染的污染物或已无负荷容量的污染物；③经环境调查已经超标或接近超标的污染物；④地方环保部门要求预测的敏感污染物。

在环境现状调查的水质参数中选择拟预测水质参数时，可将水质参数排序后再从中选取，即

$$ISE=C_pQ_p/[(C_s-C_h)Q_h] \tag{5-34}$$

式中 ISE——污染物排序指标；

C_p——污染物排放浓度，mg/L；

Q_p——废水排放量，m^3/s；

C_s——污染物排放标准，mg/L；

C_h——河流上游污染物浓度，mg/L；

Q_h——河水的流量，m^3/s。

ISE 越大，说明建设项目对河流中该项目水质参数的影响越大。

5.5.4 水环境影响预测与评价

水环境影响预测与水环境影响评价是地表水环境影响评价的两个重要步骤，下面对这两个环节的工作内容进行重点介绍。

1. 水环境影响预测

(1) 预测范围与预测点位。地表水环境影响预测范围与环境现状调查的范

围一致。为全面反映建设项目对预测范围内地表水环境的影响，应布设适当的预测点，预测点的数量和预测点的布设应根据受纳水体和建设项目的特点、评价等级以及当地的环境保护要求确定，其基本设置原则如下：①敏感点，如重要取水地点；②环境现状监测点；③水文特征和水质突变处的上、下游，如重要水工建筑物、水文站附近；④河流混合过程段；⑤排污口附近。

（2）预测阶段与预测时期。地表水环境影响的预测阶段一般分为建设期、生产运行期和服务期满后三个阶段。所有建设项目均应预测生产运行阶段的地表水环境影响，并按正常排污和不正常排污两种情况进行预测。对建设期超过一年的大型建设项目，或当地地表水质要求较高、产生流失物较多的建设项目，应预测建设期的环境影响，个别建设项目应根据项目特点、评价等级、当地地表水环境特点和环境保护要求，预测服务期满后的地表水环境影响，如矿山开发项目等。

地表水环境影响的预测时期分为丰水期、平水期和枯水期。一般来说，枯水期的水体自净能力最小，平水期的一般，丰水期的最好。对评价等级为一级或二级的建设项目应分别预测水体自净能力最小和自净能力一般两个时期的环境影响。对冰封期较长的水域，当其水体功能为生活饮用水、食品工业用水或渔业用水时，应预测冰封期的环境影响。当建设项目评价等级为三级或二级但评价时间较短时，只需预测水体自净能力最小时期的环境影响。

（3）水环境影响预测方法。水环境影响预测应尽量选取通用、成熟、简便且能满足预测精度要求的方法。水环境影响的预测方法分为定性分析法和定量预测法。定性分析法主要是根据已有经验进行分析判断，该方法具有简便、省时、花费少等特点，包括专家判断法和类比调查法。定量预测法是根据模型进行定量分析与预测，包括数学模型法和物理模型法。

1）专家判断法。根据专家经验，对建设项目可能产生的各种水环境影响，从不同方面提出意见和看法，然后采用一定的方法综合这些意见，得出建设项目可能产生的水环境影响的定性结论。

2）类比调查法。根据建设项目的性质、规模，寻找与其类似的已建项目，并调查该已建项目的环境影响，据此推断新建项目的环境影响。

3）数学模型法。水环境数学模型是最常用的预测方法，利用表征水体净化机制的数学方程预测建设项目引起的水体水质变化情况，给出定量的预测结果，但该方法依赖参数的有效性及模型的合理性。

4）物理模型法。利用相似原理，按一定比例缩小后建立实体模型，开展水质模型试验，但花费较高。当对预测结果要求较为严格时，可选用该方法。

2. 水环境影响评价

（1）评价原则。地表水环境影响评价是用来评定与估计建设项目各生产阶段对地表水环境影响的技术环节，它是环境影响预测工作的继续。地表水环境影响的评价范围应与预测范围相一致，所有预测点和所有预测的水质参数均应进行各生产阶段不同情况的环境影响评价，但应有重点。在空间方面，水文要素和水质急剧变化处、水域功能改变处、取水口附近河段等应作为重点；在水质方面，影响较大的水质参数应作为重点。

（2）评价资料。水域功能是进行水环境影响评价的基础。地表水环境影响评价所采用的水质标准应与环境质量现状评价采用的相一致，当河道断流时，应根据水利和环境保护部门规定的水功能区划来选择适当的标准。当若干规划建设项目在一定时期（如 5 年）内兴建并向同一水域排污时，应由政府有关部门规定各建设项目的排污总量或允许利用水体自净能力的比例。当向已超标的水域排污时，应结合水环境保护规划酌情处理或由环保、水利部门事先规定排污要求。

（3）评价结论。通过地表水环境影响评价，最终应得出建设项目在不同实施阶段能否满足预定地表水环境质量的结论。

如果符合以下两种情况之一，应作出可以满足地表水环境保护要求的结论：①在建设项目实施过程的不同阶段，除排污口附近的很小范围外，水域的水质均能达到预定要求；②在建设项目实施过程的某个阶段，个别水质参数在较大范围内不能达到预定的水质要求，但采取一定的环保措施后可以满足要求。

如果符合以下两种情况之一，原则上应作出不能满足地表水环境保护要求的结论：①地表水现状水质已经超标；②污染物削减量过大以至于削减措施在技术、经济上明显不可行。

针对那些虽然不能满足预期环境保护要求但影响不大且发生概率较低的建设项目，应根据具体情况进行分析判断。对不宜作出明确结论的，如建设项目恶化了地表水环境的某些方面，但同时改善了其他某些方面，此时应说明建设项目对地表水环境的正影响、负影响及其影响范围与程度、评价者的意见等。

第 6 章

环境法规和水环境管理

6.1 环境法的产生与发展

我国最早的环境法在商朝就已出现，周文王时期颁布的《伐崇令》就对环境保护做出了严格规定，后续的统治者不断沿袭和补充环境保护法律，直到《明律》和《清律》已形成相对完备的法律体系。但是，由于在这段漫长的历史进程中，我国一直处于农业、手工业经济阶段，人为的环境污染有限，环境问题并没有集中爆发。这一时期环境法中规定的主要是狩猎、城市卫生等内容。

环境法是针对环境问题制定的法律解决方案。当环境问题发展到比较严重的阶段，借助技术、经济、教育、管理等手段均不能遏止环境污染问题时，法律手段就成了常规武器。通过在实践中不断吸收其他手段的合理成分以适应环境管理的特殊要求，环境法在这种条件下应运而生。

人类文明进入工业时代之后，人为的环境污染急剧增加，原先适用于农耕文明的环境法律面对日益严重的污染束手无策。西方国家的环境保护思想原本较为落后，但在品尝到工业大发展带来的环境污染恶果之后，它们在环境立法方面走在了世界前列。从 18 世纪 60 年代产业革命开始，到 20 世纪 60 年代环境公害事件达到高峰，在公众强烈的抗议下，政府逐渐认识到仅靠技术手段解决环境问题是行不通的。法律手段作为环境管理的主要工具之一，迅速受到重视。政府承担起越来越广泛的环境管理职责，大量环境法律法规如雨后春笋般出台，环境法不断完备并发展成为一个新兴的法律部门。

我国由于经济建设起步较晚，因此现代环境立法直到1973年之后才真正发展起来。虽然在20世纪初，我国也出现过较大规模的环境问题，但由于工业化程度较低，未引起大规模的环境危机。1972年联合国在瑞典首都斯德哥尔摩召开了人类环境会议，这次会议为我国敲响了警钟。1973年，国务院召开第一次全国环境保护会议，把环境保护提上了国家管理的议事日程。1979年，作为我国环境保护基本法的《中华人民共和国环境保护法（试行）》颁布，标志着我国的环境保护工作进入了法治阶段。此后的20年中，我国环境立法进入了一个高峰阶段，大量的法律、法规出台，法律制度不断完善，环境法的体系逐渐建立起来，环境法从民法、行政法等传统法律部门独立出来，成为一个专门的法律部门。

6.2 环境法的基本概念

环境法是由国家制定或认可，并由国家强制执行的关于保护与改善环境、合理开发利用与保护自然资源、防治污染和其他公害的法律法规的总称。环境法是以国家意志出现的、以国家强制力来保证实施的法律规范，有别于环境保护的其他非规范性文件。环境法所调整的社会关系，是在“保护和改善环境”与“防治污染和其他公害”这两大活动中所产生的人与人之间的关系，与其他法律有着明显的界限。环境法所保护的对象是整个人类生存环境，包括生活环境和生态环境，而不仅仅是某几个环境要素，也不是若干种自然资源。

环境法的实施过程，实质上就是以国家强制力为后盾，通过行政执法、司法、守法等多个环节来调整人与人之间的社会关系，使人们的活动特别是经济活动符合生态学等自然客观规律，从而协调人类与自然环境之间的关系，使人类活动对环境资源的影响不超出生态系统可以承受的范围，使经济社会的发展建立在适当的环境资源基础之上，实现可持续发展。环境法是保护环境资源、实施可持续发展战略、建设“美丽中国”的重要前提条件。

2011年，修改《中华人民共和国环境保护法》（以下简称《环境保护法》）被列入十一届全国人大常委会的立法计划，其后历经四次审议，并两次向社会公开征求意见，直到2014年4月24日十二届全国人大常委会第8次会议审议通过了《环境保护法修订草案》，并于2015年1月1日起正式施行，即新《环境保护法》。新《环境保护法》在立法目的上增加了生态文明建设和可持续性发展的要求，对立法目的的表述契合了当代中国的可持续发展理念以及生态文明理念。因此，新《环境保护法》定位为环境领域的基本法。

新《环境保护法》体现的可持续发展理念以及生态文明理念，是对我国近15年来环境保护单项立法的概括和总结。作为一部环境基本法，从法理上来说，《环境保护法》应当在立法目的条款上保持其统摄地位，必须客观审视并吸收其他环境保护单项立法所确定的普遍性的法律目的。作为基本法的《环境保护法》将“可持续发展”作为其立法目的，正是对众多环境法法律部门单项立法的总结和归纳，是《环境保护法》作为环境基本法在环境部门法法律体系中统摄地位的应然体现，也是可持续发展思想在我国发展的体现。

6.3 环境法的基本原则

环境法的基本原则是以保护环境、实施可持续发展为目标，以《环境保护法》的基本理念为基础，以现代科学技术和知识为背景所形成的贯穿于环境立法和执法的基础性和根本性准则。这些原则是制定环境法主要制度的基础，对于环境法未明确规定的问题，这些原则也可以作为适用环境法进行环境管理和参与环境诉讼的依据，是贯穿于环境法的灵魂。

环境法基本原则的表现形式可以直接明文规定于环境立法中，也可以间接表现在一个或几个具体的法律条文规定中。环境法的基本原则是一定时期内根据环境问题的特点以及对环境问题及其解决方法的认识的基础上形成的，各国环境法的基本原则因国情和法制的不同在取舍和侧重上有所不同，但核心都是环境保护的理念。根据我国宪法规定的精神，结合我国环境法制建设的实践，我国环境法的基本原则有以下7项。

6.3.1 环境保护与经济建设、社会发展相协调原则

1983年12月，国务院召开了第二次全国环境保护会议，会上进一步总结了我国环境保护的基本原则，并针对环境问题的严重性确定了环境保护与计划生育一样，是一项基本国策。会议提出了制定“三项建设三同步和三统一”的原则，即经济建设、城乡建设和环境建设同步规划、同步实施、同步发展，做到

经济效益、社会效益、环境效益的统一，实现环境保护与经济建设统筹兼顾、同步发展。

1989年12月颁布的《环境保护法》第4条规定：国家制定的环境保护规划必须纳入国民经济和社会发展计划。国家采取有利于环境保护的经济技术政策和措施，使环境保护工作同经济建设和社会发展相协调。

6.3.2 预防为主、防治结合原则

这一原则是针对环境问题的特点和国内外环境管理的主要经验和教训提出的。从技术角度来讲，环境污染和破坏一旦发生即难以彻底消除和恢复，甚至具有不可逆转性，而且环境污染和破坏产生以后再进行治理将对经济造成极大的压力，更主要的原因在于环境问题的滞后性和隐蔽性。因此，预防为主对环境法有特殊的意义。对于已经发生的环境污染与破坏，要采取积极的治理措施，做到防治结合。环境法中普遍规定的全面规划、合理布局、环境影响评价等制度就是出于这一原则的考虑。

6.3.3 综合利用原则

这一原则是指把社会生产活动和消费活动中产生的各种“废弃物”最大限度地利用起来，一方面节约资源；另一方面减少对环境的压力。我国环境法和相关立法中对于综合利用废弃物有许多鼓励规定，而且目前的立法也正朝向鼓励“清洁生产”和“生态农业”的方向发展。

6.3.4 开发者养护、污染者治理原则

这是一项关于环境保护责任承担的基本原则。开发者养护是指对环境和自然资源进行开发利用的组织或个人，有责任对其进行恢复、整治和养护。污染者治理是指对环境造成污染的组织或个人，有责任对其污染源和被污染的环境进行治理。

针对污染者的责任问题，国外有一种“污染者负责”原则，这一原则的依据在于政府对污染防治的资金投入实际上等于全体纳税人承担了污染防治的责任，这样做是不合理的。另有一种“受益者负担”的理论，认为所有从造成环境污染的生产行为中受益的人都应当承担治理污染的责任。

《环境保护法》第42条规定：排放污染物的企业事业单位和其他生产经营者，应当采取措施，防治在生产建设或者其他活动中产生的废气、废水、废渣、医疗废物、粉尘、恶臭气体、放射性物质以及噪声、振动、光辐射、电磁辐射等对环境的污染和危害。

6.3.5 民主原则

广泛的公众参与是环境法实现立法价值的重要前提，而实现公众参与则要求法律明确承认公民的环境权。我国宪法第2条规定：中华人民共和国的一切权力属于人民。人民依照法律规定，通过各种途径和形式，管理国家事务，管理经济和文化事业，管理社会事务。

6.3.6 协同合作原则

这一原则是指以可持续发展为目标，在国家内部各部门之间、国际社会国家（地区）之间重新审视原有利益的冲突，实行广泛的技术、资金和情报交流与援助，联合处理环境问题。

6.3.7 政府对环境质量负责原则

环境保护是一项涉及政治、经济、技术、社会各个方面的复杂而艰巨的任务。一个地区的环境质量不仅与自然因素相关，还与社会经济发展密切相关，如社会经济发展计划、城市规划、生产力布局、能源结构、产业结构和政策等。这些工作涉及的政府部门众多，只有政府才有能力解决它。《环境保护法》规定：地方各级人民政府应当根据环境保护目标和治理任务，采取有效措施，改善环境质量。政府对环境质量负责，就是要求政府采取各种有效措施，协调方方面面的关系，保护和改善本地区的环境质量，实现国家制定的环境目标。

6.4 环境法体系

我国环境法体系包括宪法中关于环境保护的规定、环境保护基本法、环境保护单行法、环境标准、其他部门法中关于环境保护的规定、我国缔结或者参加的国际环境条约、地方环境立法等。

6.4.1 宪法

宪法是国家的根本大法，宪法中关于环境保护的规定，是环境法的基础，是制定具体的环境法律、法规和规章的总纲。我国宪法对环境保护作了根本性的规定，其中最重要的一条是宪法第 26 条的规定，“国家保护和改善生活环境和生态环境，防治污染和其他公害。”这是国家对于环境保护的基本政策，确定了国家在环境保护中的职责，同时也是公民维护其环境权利的头一条依据。

宪法第 9 条第 1 款规定：矿藏、水流、森林、山岭、草原、荒地、滩涂等自然资源，都属于国家所有，即全民所有；由法律规定属于集体所有的森林和山岭、草原、荒地、滩涂除外。这些确认所有权的规定对于环境和自然资源的保护是至关重要的。第 9 条第 2 款还规定：国家保障自然资源的合理利用，保护珍贵的动物和植物；禁止任何组织或者个人用任何手段侵占或者破坏自然资源。第 10 条第 5 款规定：一切使用土地的组织和个人必须合理利用土地。这些关于保护自然资源及其合理利用的规定是行政管理的依据。

6.4.2 环境保护基本法

2014 年 4 月颁布的《环境保护法》是我国现行的环境保护方面的基本法。新《环境保护法》共七章 70 条，就环境保护方面的主要问题集中地作出了原则性的规定。

其中第 1 条规定：为保护和改善环境，防治污染和其他公害，保障公众健康，推进生态文明建设，促进经济社会可持续发展，制定本法。这是关于我国环境法立法目的的规定。

第 6 条规定：一切单位和个人都有保护环境的义务。地方各级人民政府应当对本行政区域的环境质量负责；企业事业单位和其他生产经营者应当防止、减少环境污染和生态破坏，对所造成的损害依法承担责任；公民应当增强环境保护意识，采取低碳、节俭的生活方式，自觉履行环境保护义务。这一条阐述了公民、法人和其他组织在环境保护方面的基本义务。

第 10 条规定：国务院环境保护主管部门，对全国环境保护工作实施统一监督管理；县级以上地方人民政府环境保护主管部门，对本行政区域环境保护工作实施统一监督管理。

除上述内容外，《环境保护法》还规定了环境管理方面的主要法律制度和违反这些法律制度所要承担的法律责任。这些制度包括：①环境标准制度；②环境监测制度；③环境规划制度；④环境影响评价制度；⑤现场检查制度；⑥“三同时”制度；⑦排污申报登记制度。

《环境保护法》还设有专章规定了违反本法的法律责任，包括行政责任、民事责任和刑事责任。

6.4.3 环境保护单行法

环境保护单行法是针对某种环境要素（大气、水、土壤等）、污染物（固体废物、农药、重金属等）、资源（森林、草原、土地等）或特定的环境行政管理制度进行的立法。

自 1980 年以来，全国人大常委会先后制定和修改了 6 部以防治环境污染为目的的单项法律以及 9 部以合理开发与保护、利用自然资源为目的的单项法律，具体见表 6－1。

表 6－1 我国现行环境保护单行法

名　称	立法目的	制定年份	修订年份
《中华人民共和国海洋环境保护法》	防治环境污染	1982	1999、2017
《中华人民共和国水污染防治法》		1984	1996、2008、2017
《中华人民共和国大气污染防治法》		1987	1995、2000、2015
《中华人民共和国固体废物污染环境防治法》		1995	2004、2013、2015、2016
《中华人民共和国环境噪声污染防治法》		1997	—
《中华人民共和国放射性污染防治法》		2003	—
《中华人民共和国森林法》	合理开发与保护、利用自然资源	1984	1998
《中华人民共和国草原法》		1985	2009、2013
《中华人民共和国渔业法》		1986	2000、2004、2009、2013
《中华人民共和国矿产资源法》		1986	—
《中华人民共和国土地管理法》		1986	2004
《中华人民共和国水法》		1988	2002、2009、2016
《中华人民共和国野生动物保护法》		1988	2004、2009、2016
《中华人民共和国水土保持法》		1991	—
《中华人民共和国煤炭法》		1996	2011、2013、2016

国务院和国务院环境保护部门以及其他部门制定的法律和其他规范性文件数量众多，超过 200 个。这些法律文件分别对全国人大常委会制定的法律中的某些问题作出具体规定或对其中有分歧的地方进行解释。

环境保护单行法名目繁多，涉及的内容广泛，大体可以分为以下四类。

1. 土地利用规划法

土地利用规划法包括国土整治法、农业区域规划法、城市规划法、村镇规划法等，旨在通过工业、农业、城镇和人口的合理布局，从根本上防止环境污染和破坏。

2. 环境污染防治法

环境污染防治法包括防止环境要素遭到污染的法律规定、防止污染物污染环境的法律规定和防止环境公害发生的法律规定。

3. 自然保护法

这部分立法数量大，主要是资源保护、自然状态保护、物种保护等方面行政制度的法律化。由于资源管理行政体制上的条块分割，立法也呈现各自为政的现象，各法缺乏协调，出现抵触和疏漏的现象。

4. 环境管理行政规范

环境管理行政规范包括渗透在上述各类单行法中的环境管理一般制度的规定，如《征收排污费暂行办法》(1982 年制定)、《环境标准管理办法》(1983 年制定)、《全国环境监测管理条例》(1983 年制定)、《建设项目环境保护管理条例》(1998 年制定) 等。这些规定也是判断环境管理活动中，行政机关和行政相对方的行为是否合法的依据。

6.4.4 环境标准

环境标准是国家为了保护人民健康，促进生态良性循环，实现社会经济发展目标，根据国家的环境政策和法规，在综合考虑本国自然环境特征、社会经济条件和科学技术水平的基础上，规定环境中污染物的允许含量和污染源排放污染物的数量、浓度、时间和速度、监测方法，以及其他有关的技术规范。

我国的环境标准既是国家标准体系的一个分支，也是我国防治环境污染法律体系中的重要组成部分。两级五类环保标准体系已经形成，分别为国家级和地方级标准，类别包括环境质量标准、污染物排放（控制）标准、环境监测类标准、环境管理规范类标准和环境基础类标准。

6.4.5 传统部门法

在传统部门的立法中也有关于环境保护方面的规定，如《中华人民共和国民法通则》《中华人民共和国刑法》《中华人民共和国治安管理处罚条例》《中华人民共和国民事诉讼法》等传统部门法中均涉及了部分与环境保护相关的条款。当各环境保护单行法中没有相关的规定，或其规定不够明确，或其规定不利于解决相关矛盾时，传统部门法可以作为重要的法律依据。

6.4.6 国际环境公约

为解决突出的全球性环境问题，在联合国环境规划署牵头组织下，各国经过艰苦谈判达成一系列环保公约，以法律制度的形式确定各方的权利和义务，推动国际社会采取共同行动，务求这些环境问题得到解决或改善。国际环保公约由一系列国际公约组成，包括与保护臭氧层有关的国际环保公约、《控制危险废物越境公约》《濒危野生动植物物种国际贸易公约》《生物多样性公约》《生物安全议定书》《卡特赫纳生物安全议定书》《联合国气候变化框架公约》。

6.4.7 地方环境立法

地方环境立法是指我国各省、直辖市、自治区的人民代表大会及其常务委员会，各省、直辖市、自治区人民政府依据宪法和法律的规定，根据本地区保护环境，合理开发、利用自然资源和自然环境，进行生态建设、防治污染和其他公害及环境管理的需要，依照法定职权和程序制定、认可、修改、补充和废止地方环境法的活动。地方环境立法是我国环境立法的重要组成部分，也是地方立法的重要组成部分。我国幅员辽阔，各地自然环境较大的差异导致环境问题产生的原因和解决的方法、步骤有所不同，国家环境立法不能完全采用统一立法的方式对各地具体的环境保护进行全面规范。例如，我国的各大江河均有污染，但程度不同，地表径流量差别很大，流域自然、经济、社会也各有特点，仅依靠《中华人民共和国水污染防治法》不足以解决水污染防治问题。因此，各省、直辖市、自治区结合自己的实际情况制定地方水污染防治条例是非常必要的。

6.5 环境法律责任

环境法律责任，是指环境法主体因违反其法律义务而应当依法承担的，具有强制性、否定性的法律后果，按其性质可以分为环境行政责任、环境民事责任和环境刑事责任三种。

6.5.1 环境行政责任

环境行政责任，是指违反了环境保护法，实施破坏或者污染环境的单位或者个人所应承担的行政方面的法律责任。环境行政责任的主体可以是自然人，也可以是法人、法人代表或其他企事业单位、社会团体、组织等；既包括中国人，又包括不享受外交豁免权的外国人。承担行政责任的方式有行政处罚和行政处分两种。

1. 行政处罚

行政处罚是指行政主体依照法定职权和程序对违反行政法规范，尚未构成犯罪的相对人给予行政制裁的具体行政行为。行政处罚的种类，各种法律规定有所不同。就环境法来说，主要有警告、罚款、没收财产、取消某种权利，责令支付政治费用和消除污染费用，消除侵害、恢复原状，责令赔偿损失，停止及关、停、并、封，剥夺荣誉称号，拘留等。

2. 行政处分

行政处分也称纪律处分，是指国家机关或单位对其下属人员依据法律或内部规章的规定施加的处分，包括警告、记过、记大过、降级、降职、撤职、留用、开除等8种。

6.5.2 环境民事责任

环境民事责任，是指单位或者个人因污染危害环境而侵害了公共财产或者他人的人身、财产所应承担的民事方面的责任。其种类主要有排除侵害，消除危险，恢复原状，返还原物，赔偿损失，收缴、没收非法所得及进行非法活动的器具，罚款，停业及关、停、并、转。

在人们的行为中只要有污染和破坏环境的行为，并造成了损害后果，损失

的行为与损害后果之间存在因果关系，就要承担环境民事责任。根据环境保护法律、法规规定，因污染危害环境而引起的赔偿责任和赔偿金额的纠纷解决程序主要有两种：一种是根据当事人请求，由环境监管部门或其他有关部门进行调解解决；另一种是由当事人向人民法院提起民事诉讼。

6.5.3 环境刑事责任

环境刑事责任是指行为人故意或过失实施了严重危害环境的行为，并造成了人身伤亡或公私财产的严重损失，已经构成犯罪，要承担刑事制裁的法律责任。

《中华人民共和国刑法》及《中华人民共和国环境保护法》所规定的主要环境处罚有两种形式：一种是直接引用刑法和刑法特别法规；另一种是采用立法类推的形式。《环境保护法》《中华人民共和国水污染防治法》《中华人民共和国大气污染防治法》《中华人民共和国固体废物污染环境防治法》《中华人民共和国环境噪声污染防治法》《中华人民共和国放射性污染防治法》等均有依法追究刑事责任、比照或依照《中华人民共和国刑法》某种规定追究刑事责任的条款。

2015 年 8 月 29 日，十二届全国人大常委会十六次会议表决通过刑法修正案（九）。修订后的《中华人民共和国刑法》包括总则、分则、附则三部分，共 10 章，将 1979 年刑法的 192 个条文，增加到 452 个条文，并在分则第 6 章的第 7 节，专节规定了破坏环境资源保护罪，体现了我国制裁污染破坏环境和资源的决心，有助于我国环境的整体改善。除了上述专门的破坏环境资源保护罪的规定外，在危害公共安全罪、走私罪、渎职罪中还有一些涉及环境和资源犯罪的规定。这些规定主要有放火烧毁森林罪、投毒污染水源罪、走私珍贵动物及其制品罪、走私珍贵植物及其制品罪、非法将境外固体废物运输进境罪、环境保护监督管理人员失职导致重大环境污染事故罪等。

对于污染环境罪的制裁，最低为 3 年以上有期徒刑或拘役，最高为 10 年以上有期徒刑。对于破坏资源罪的制裁，最低为 3 年以上有期徒刑、拘役、管制或罚金，最高为 10 年以上有期徒刑。对于走私国家禁止进出口的珍贵物品及其制品、珍稀植物及其制品罪的制裁，最低为 5 年以上有期徒刑，最高为无期徒刑或者死刑。单位犯破坏环境资源保护罪，对单位判罚金并对直接负责的主管人员和其他直接责任人员处刑。我国修订后的刑法对破坏环境资源保护罪在刑罚上增加了刑种和量刑的档次，提高了法定最高刑。

6.6 水环境保护相关法律法规

6.6.1 水环境法律

水作为人民生活和经济生产的关键要素，水环境保护自古以来就受到关注。中国古代推崇“天人合一”的理念，对环境保护特别是对水的保护十分重视，在民间就有许多这方面的乡规民约。如在安徽黟县著名的明清古村落宏村，村中一条泉水曲曲弯弯，穿过全村家家户户，村民用水洗菜淘米、做饭洗衣都有约定的时辰，世代遵守，目的是不污染水流。水资源保护作为法律条文列入国家法律，最早出现在唐朝，《唐律》中规定：“穿垣出污秽者，杖六十。主司不禁，与同罪。”“穿垣出污秽”就是隔墙向外泼出污水。这是我国第一次对乱倒污水者定下法律责任。

1949年后，我国防治水污染的立法进入了萌芽阶段。20世纪50年代，由于当时环境问题主要是长期战争造成的环境破坏，工业污染尚不明显，所以国家制定的大量法规主要涉及自然保护方面，但也制定了数个包含水污染防治的行政法规和规章制度。1956年5月，我国颁布了《工厂安全卫生规程》，其中包括涉及水污染防治的条例；1957年4月，《集中式生活饮用水水源选择和水质评价暂行规定》颁布，里面也有防治污水的行政规章；1959年，我国制定了《生活饮用水卫生规程》。进入20世纪60年代后，中共中央在1960年3月批转《关于工业废水危害情况和加强处理利用的报告》；1961年，国家出台防治污水灌溉的《污水灌溉农田卫生管理试行办法》；1964年，国家又出台了《城市工业废水、生活污水管理暂行规定》。

改革开放以后，我国防治水污染的立法工作迎来了大发展时期。1979年，我国第一部环境保护法诞生，里面就有关于水环境保护和水污染防治的内容。水污染防治立法的标志性事件是1984年5月六届全国人大常委会第五次会议审议通过了《中华人民共和国水污染防治法》。至此，我国第一部专门防治水污染的单行法律“破壳而出”。1984年颁布的《中华人民共和国水污染防治法》共7章46条，对水污染防治作出了一系列强制性规定。1989年7月，国务院发布了该法的“实施细则”。1984年版的《中华人民共和国水污染防治法》对我国的环境治理起到了积极作用，避免了“产值翻番，污染也将翻番”的局面；但随着实际情况的不断变化，1996年5月，八届全国人大常委会第十九次会议对该法进行了修正。2008年，随着北京奥运会的召开，全国人民对于环境保护的关注和要求上升到了新的高度。在这样的背景下，为了进一步防治水污染、保护水生态，《中华人民共和国水污染防治法》进行了修订。2017年6月，十二届全国人大常委会第二十八次会议表决通过了关于修改《中华人民共和国水污染防治法》的决定。新修订的《中华人民共和国水污染防治法》更加明确了各级政府的水环境质量责任，实施总量控制制度和排污许可证制度，加大农业面源污染防治以及对违法行为的惩治力度。

6.6.2 水环境行政法规

改革开放以来，我国经济飞速发展，流域水污染问题也日益突出。1994年7月，淮河上游的河南境内突降暴雨，颍上水库水位急骤上涨，超过防洪警戒线，因此开闸泄洪，将积蓄于上游一个冬春的2亿m^3水放了下来。水经之处河水泛浊，河面上泡沫密布，鱼虾顿时丧生。下游一些地方居民饮用了虽经自来水厂处理，但未能达到饮用标准的河水后，出现恶心、腹泻、呕吐等症状。经取样检验证实上游来水水质恶化，沿河各自来水厂被迫停止供水达54天之久，百万淮河民众饮水告急，这就是震惊中外的“淮河水污染事件”。对于淮河这样的跨省流域，污染防治极其复杂。针对出现的新形势、新情况，国务院于1995年8月颁布了第一部流域水污染防治条例——《淮河流域水污染防治暂行条例》，对流域实行水污染物排放总量控制制度。后续一系列流域性的行政法规相继出台，我国的流域水污染管理进入新的阶段。2011年9月，温家宝总理签署国务院令，发布了《太湖流域管理条例》，这是首部针对整个流域的综合管理法规。《太湖流域管理条例》的出台对推进我国流域管理有重大意义，是我国迈向流域综合管理的重要进展，是我国在依法治水和流域综合管理立法方面的新成就，创造了我国流域综合管理机制创新的新标杆。

水环境保护事关人民群众切身利益，事关全面建成小康社会，事关实现中华民族伟大复兴中国梦。面对全国仍然严峻的水环境保护形势，中共中央政治局常务委员会于2015年2月审议通过了《水污染防治行动计划》（下称“水十条”）。“水十条”作为一项重要的行动纲领，对水环境治理设定了明确的目标。

到 2020 年，全国水环境质量得到阶段性改善，污染严重水体较大幅度减少，饮用水安全保障水平持续提升，地下水超采得到严格控制，地下水污染加剧趋势得到初步遏制，近岸海域环境质量稳中趋好，京津冀、长三角、珠三角等区域水生态环境状况有所好转。到 2030 年，力争全国水环境质量总体改善，水生态系统功能初步恢复。到 21 世纪中叶，生态环境质量全面改善，生态系统实现良性循环。根据国际经验，存在人均 GDP3000～8000 美元环境状况开始转变的库兹涅茨曲线（Kuznets Curve）拐点现象（图 6－1）。美国、日本、欧盟等发达国家和地区从大规模治污到环境质量明显改善的时间跨度为 20～30 年。2017 年我国的人均 GDP 达到 8836 美元，已经站在了环境质量全面改善的重要窗口期。“水十条”的颁布对于我国水环境从“战略相持”到“战略反攻”至关重要。“水十条”的战略定位就是顺应群众利益需求，保障国家水安全，立足我国当前水污染形势，落实中央全面建成小康社会，实现中华民族伟大复兴的要求。综合来看，“水十条”具有四个亮点：①坚持底线思维，强化水质目标倒逼作用；②坚持系统思维，多角度全方位统筹；③坚持改革创新，破除水污染防治的瓶颈因素；④坚持依法治水，健全水环境保护制度。

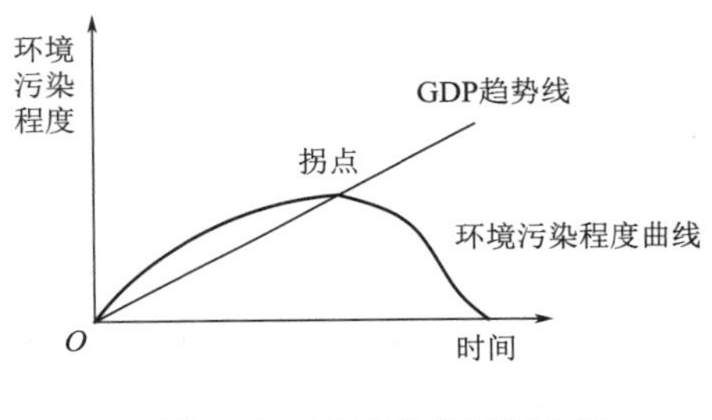

图 6－1　环境库兹涅茨曲线

6.6.3　水环境保护标准

除了水环境法律和行政法规的发展，我国的水环境保护标准也得到了长足发展。水环境保护标准是指国家及其有关部门所规定的保护各类水环境的准则，即各类水环境在物理性质、化学性质和生物性质等方面的度量标准，是环境保护标准体系的重要组成部分，包括水环境质量标准、水污染物排放标准、水监测规范、方法标准和相关标准。

我国的水污染物排放标准，最早可以追溯到 1973 年颁布的国家《工业“三废”排放试行标准》。我国目前形成了行业水污染物排放标准为主、综合排放标准为辅的较为完善的水污染物排放控制标准体系。这些行业水污染物排放标准的实施，在加强重点污染行业生产工艺过程改进和特种污染源的控制、严格规范重点行业与重点污染源的监督管理等方面都起到了积极作用。

然而，我国行业水污染物排放标准仍存在诸多问题。例如，标准制订时未能充分考虑技术经济可行性，新兴及特征污染指标在标准中体现不够，标准间尚不能无缝衔接等。美国环境保护署（EPA）制定的行业水污染物排放标准控制的污染物项数与我国相比相对较少，仅有几项至十几项，但重点突出，针对性较强。但我国水污染物排放标准目前关注的仍是COD_{Cr}和第一类污染物。国际上严格控制的污染物如氟氯碳（CFC）、持久性有机污染物（POPs）和新型污染物（Emerging Contaminants），我国综合排放标准和行业水污染物排放标准均未考虑如何控制，也未将其纳入监管范围。不同标准之间无法完美衔接，间接排放限值不一致（表6-2），处理标准与回用标准、环境质量标准之间存在差异，标准适用范围存在模糊地带。

表6-2　行业水污染物排放标准与污水综合排放标准对比表　单位：mg/L

序号	控制项目	行业水污染物间接排放限值	《污水综合排放标准》（GB 8978—1996）三级	《污水排入城镇下水道水质标准》（CJ 343—2010）		
				A等级	B等级	C等级
1	COD	100～400	500	500（800）	500（800）	300
2	BOD_5	30～150	300	350	350	150
3	硫化物	0.3～2.0	1.0	1	1	1
4	总铍	0.1～12.0	8.0	8	8	5
5	可吸附有机卤素（AOX）	0.005～0.5	0.005	0.005	0.005	0.005

因此，我国应该加快研究并建立系统的水污染物最佳控制技术评估体系，增加行业新兴及特征污染物控制项目，强化标准对接，减少标准限值或适用范围上的冲突，加快流域水环境质量达标管理计划及排污许可证制度的建立与实施。

6.7 水资源环境管理的概念

水资源环境管理是在环境保护实践中产生，又在环境保护实践中发展起来的。水资源环境管理是环境保护工作的一个重要组成部分，是政府环境保护行政主管部门的一项重要职能。

6.7.1 水资源环境管理的定义

水资源环境管理是指国家依据有关法律法规对水资源和环境进行管理的一系列工作的总称。水资源环境管理首先体现为对人的管理。经济发展战略、区域发展规划、项目环境影响、生产活动污染控制等都需要进行不同层次的环境影响评价，制定防治对策。为了实现水环境质量与公众健康双保障，水资源环境管理还要针对具体水域，按环境功能区进行分类管理，对污染源分级控制。

现代环境理念把人作为环境的一部分，人的理念灌输、发展战略都作为环境管理的优先领域。因此，水资源环境管理不仅是以水资源、土地资源、林业资源的管理和影响水环境质量的城市、农村经济活动为对象，还要对从事开发、利用、保护活动的人进行教育、监督指导和协调。这就使水资源环境管理处在高于单项资源管理的决策层次。

6.7.2 水资源环境管理的目的和基本任务

1. 水资源环境管理的目的

水资源环境管理的目的是解决水环境污染和水生态破坏所造成的各类水资源短缺、水环境恶化等问题，保证区域的水环境安全，实现区域社会的可持续发展。具体来说，就是创造新的生产方式、消费方式、社会行为准则和发展方式。因此，环境管理的基本任务就是转变人类社会的一系列基本观念，调整人类社会的行为，促使人类自身行为与自然环境达到一种和谐的境界。

2. 水资源环境管理的基本任务

环境问题的产生有思想观念层次和社会行为层次两个层次的原因。因此，水资源环境管理的基本任务是转变人类社会的一系列基本观念和调整人类社会的行为。

环境观念的转变是解决环境问题最根本的方法，它包括消费观、自然伦理道德观、价值观、科技观和发展观以至整个世界观的转变。这种观念的转变是根本的、深刻的，将推动整个人类文明的转变。

调整人类社会的行为，是更具体也更直接的调整。人类社会行为主要包括政府行为、市场行为和公众行为 3 种。政府行为是指国家的管理行为，如制定政策、法律、法令、发展计划并组织实施等。市场行为是指各种市场主体包括企业和生产者个人在市场规律的支配下，进行商品生产和交换的行为。公众行为是指公众在日常生活中如消费、旅游、休闲等方面的行为。因此，环境管理的主体和对象是由上述3种行为构成的整体或系统。

水资源环境管理的两项任务是相互补充、相辅相成的。生态文明建设对解决水资源环境问题具有根本性的作用，但是生态文明建设是长期的、潜移默化的，短期之内很难获得明显的效果；行为的调整可以快速见效，还可以促进生态文明的建设。所以说，水资源环境管理中，应同等程度地重视这两项工作，不能有所偏废。

6.7.3 水资源环境管理的对象

水资源环境问题的形成源自于人们的社会经济活动，特别是社会经济活动目标的纯经济性和行为的无约束性。试图单纯靠技术手段来避免或消除是不可能的。因此，水资源环境管理的对象是“人”，不止包括自然人，也包括法人。一般来说，人类社会经济活动的主体主要包括个人、企业和政府。

1. 个人

个人的社会经济活动，主要是指其消费活动，即作为个体的人为了满足自身生存和发展需要，通过生产劳动或购买来获得用于消费的物品和服务。这些消费和服务会产生各类废弃物或污染物，并以不同形态和方式进入环境，从而对环境产生各种负面影响。对个人行为进行环境管理，主要在于唤醒公众的环境意识，同时也应采取各种技术和管理措施，鼓励消费者选用对环境友好的消费品，以最大限度地减少消费过程中对环境的影响。

2. 企业

企业作为社会经济活动的主体，其主要目标通常是通过向社会提供物质性产品或服务来获得利润。无论企业性质如何，在其生产过程中都要向自然界索取原料或能源，同时排放出一定数量的污染物。特别是在工业化初期，粗放式的发展模式导致了环境的急剧恶化。对企业行为进行环境管理，应加强企业文化建设，提高所有员工的环境意识，营造有利于环境的企业行为，同时也要采取各种手段加强对企业的管理，如环境影响评价制度、制定环境标准、鼓励清洁生产等。

3. 政府

政府作为社会行为的主体，其活动主要包括：①作为投资者为社会提供公共消费品和服务，如供水、供电、交通、文教等公共事业；②掌握国有资产和自然资源的所有权，以及对自然资源开发利用的经营和管理权；③有权运用行政和政策手段对国民经济实行宏观调控和引导，其中包括政府对市场的政策干预。不论是进行提供商品和服务的活动，还是对市场进行宏观调控，政府的行为都会对环境产生一定的影响。解决政府行为所造成的环境问题，关键是促进宏观决策的科学化，需要提高可持续发展意识的公众去约束政府行为。

6.7.4 水资源环境管理的内容

水资源环境管理的内容取决于水资源环境管理的目标。水资源环境管理的根本目标是协调发展与水资源、水环境的关系，涉及人口、经济、社会、资源和环境等重大问题，关系到国民经济的方方面面。因此，水资源环境管理的内容必然是广泛的、复杂的。

1. 从管理范围来划分

政府是水资源环境管理的对象，同时它又是最重要的环境管理者。从环境管理的范围来讲，主要包括以下内容：

（1）区域水资源环境管理。区域水资源环境管理包括整个国土的、经济协作区和省（直辖市）及其水域的环境管理，主要是协调区域发展目标和环境目标。

（2）部门水资源环境管理。部门水资源环境管理属于专业环境管理或生产系统的环境管理。

（3）资源管理。资源管理主要是自然资源的保护和自然资源最佳利用的管理。

2. 从管理性质来划分

从管理性质上来划分，可包括以下内容：

（1）环境质量管理。环境质量管理为保持环境质量而进行的各项管理工作。

（2）环境技术管理。环境技术管理通过制定技术标准、技术规程，对技术发展方向、技术路线、技术政策、污染防治技术等进行环境经济评价，使科学技术的发展，既能促进经济不断发展，又能保证环境质量不受影响或不断得到改善。

（3）环境计划管理。环境计划管理主要是把环境目标纳入发展计划，以制定各种环境规划和实施计划。

6.8 水资源环境管理的手段

目前我国采用的水环境管理手段主要有以下五种。

6.8.1 法律手段

法律手段是水环境管理的一种强制性措施。水环境管理一方面要靠立法，即把国家对环境保护的要求以法律的形式固定下来，强制执行；另一方面要靠执法，管理部门和司法部门要以法律的手段来制止破坏环境的违法行为，追究违反环境法律者的责任。我国自 20 世纪 80 年代开始，制定了一系列保护环境的法律、法规，形成了比较完善的环保法律框架，为其他环境管理手段的实施奠定了基础。

6.8.2 经济手段

经济手段是利用价值规律的作用，通过采取鼓励性限制措施，促使排污单位减少、消除污染，达到改善和保护环境的目的。通常采用的传统方式有税收调节、信贷调节、征收排污费、污染赔偿、污染罚款、奖励治污等措施。新兴的方式是排污许可证制度和排污权交易制度。这些手段的应用对提高环境管理的成效起到了关键性的作用。20 世纪 70—80 年代传统的经济手段用得较多，90 年代以后开始逐步推广排污许可证制度和排污权交易制度这两种新型的环境管理手段。

6.8.3 行政手段

行政手段是指国家级和地方级政府机关，根据国家行政法规所赋予的组织和指挥权利，对环境资源保护工作实施行政决策和管理。例如，对一些水环境污染严重的排污单位实施禁止排污或严格限制排污，甚至将这些排污单位关、停、并、转。又如，对某些环境危害较大的项目不予审批上马，或暂缓上马。通过强有力的行政管理，大大改善了我国的环境质量。

6.8.4 技术手段

技术手段是要求环境管理部门采用最科学的管理技术，排污单位采用最先进的治理技术，不断发现和解决水环境污染问题，有效预防和控制环境污染。通过开展最广泛的国际间环境科学技术的交流与合作以及深入的科学技术研究，我国环境保护的科学技术有了飞速的发展。

6.8.5 宣传手段

宣传手段是通过广播、报纸、电视、电影、网络等各种媒体宣传水环境保护的重要意义和内容，激发公众保护环境的热情和积极性，对危害水环境的各种行为实行舆论监督。目前我国环保的宣传力度已经达到了家喻户晓、深入人心的程度。

以上这些手段都对水环境管理起着举足轻重的作用，其中法律手段是基础，任何手段的应用都应以法律为准绳。运用行政手段和经济手段的目的是更有效、更严格地执行法律，达到环境保护的目的。行政手段往往直接干预企业的生产，经济手段则间接调节企业的生产活动。法律、行政、经济手段的实施都必须运用技术手段，通过技术手段提供可操作的运行程序。最后由宣传手段为其他环境管理手段的实施大造声势，加深公众对法律、行政和经济政策的理解，普及水环境保护的技术知识。总之，各种水环境管理手段之间的关系相互渗透、相互依存、相互交叉、相互补充。在这些环境管理手段中，有关专家学者最推崇的是排污许可证制度和排污权交易制度，因为这两项制度和其他环境管理手段相比具有许多明显的优势。

6.9 水资源环境管理的基本制度

为了使水环境管理工作制度化、规范化、法制化，我国在多年环保工作的实践中逐步积累和制定了一系列环境管理制度，这些制度的实行有力地推动了我国环保事业的发展。

6.9.1 环境影响评价制度

环境影响评价制度是指对规划和建设项目实施后可能造成的环境影响进行

分析、预测和评估，提出预防或者减轻不良影响的对策和措施，并进行跟踪监测的方法和制度。1986年我国正式实施环境影响评价制度，国务院原环境保护委员会、原国家计委、原国家经委颁布了《建设项目环境保护管理办法》，1998年发布国务院第253号令《建设项目环境保护管理条例》。2002年10月全国人大常委会正式通过《中华人民共和国环境影响评价法》。经过20年的实践，这一制度不断完善，评价的范围由具体的建设项目发展到区域开发的环境影响评价和规划的环境影响评价。我国从事环境影响评价的队伍不断壮大，技术水平不断提高，已形成了一个比较完善的技术和管理体系。通过“先评价、后建设”，推进了产业合理布局和企业优化选址，预防了许多开发建设活动可能产生的环境污染和生态破坏，取得了良好的环境效果。

6.9.2 “三同时”制度

“三同时”制度是指一切新建、改建、扩建项目和技术改造项目以及区域开发性建设项目，其防治污染及其他公害的设施必须与主体工程同时设计、同时施工、同时投产。防治污染及其他公害的设施必须经原审批环境影响报告书的环境保护行政主管部门验收合格后，建设项目方可投入生产或者使用。“三同时”制度是环境影响评价制度的继续，是防止产生新的环境问题的重要措施。

6.9.3 排污收费制度

排污收费制度是指直接向环境排放污染物的单位和个体生产经营者，必须按国家规定的标准，缴纳一定费用的制度。我国从1982年开始全面推行排污收费制度，随后全国各地普遍开展了征收排污费工作（当时仅限超标排污收费）。

根据我国的经济水平，国家要求排污者缴纳的排污费实际上大大低于其污染环境所造成的经济损失，因此排污费的本质属性是国家法律规定排污者排污行为造成环境影响必须承担的经济责任，以缴纳排污费的形式来补偿对环境的损害。所以，缴纳排污费之后，并不免除其应承担的治理污染、赔偿损害的责任和法律规定的其他责任。排污费由各级环境管理部门依法征收，并上缴财政，财政返还部分按规定用于污染治理、区域环境综合治理和环境保护业务补贴。

排污收费、环境影响评价和“三同时”管理制度共同组成了我国的“老三项”环境管理制度，曾被誉为我国环境管理的“三大法宝”。

6.9.4 环境保护目标责任制

环境保护目标责任制是指通过“责任书”的形式，具体落实地方各级人民政府和有污染的单位对环境质量负责的行政管理制度。这一制度明确了一个区域、一个部门乃至一个单位环境保护的主要责任者和责任范围，理顺了各级政府和各个部门与环境保护的关系，从而使改善环境质量的任务能够得到层层落实。这是我国环境管理体制的一项重大改革。

环境保护目标责任制的推行，解决了“谁对环境质量负责”这一关键问题，有利于把环保工作真正列入各级政府的议事日程；有利于把国民经济和社会发展计划中的环保目标和年度计划具体化，有利于调动全社会各行各业参与和监督环境保护的积极性；也有利于促进环保机构建设，强化环保部门的监督管理职能。在该项制度的实施过程中，一般要经过“责任书”制定、“责任书”下达、“责任书”实施和“责任书”考核四个阶段。

6.9.5 城市环境综合整治定量考核制度

城市环境综合整治定量考核制度是指通过定量考核对政府在推行城市环境综合整治中的活动，予以管理和调整的一项环境监督管理制度。该制度是把城市综合整治的基本内容划分为若干子项，诸如城市饮用水源达标率、工业废水处理率等。再把这些项目规定某一指标，并赋予一定分数，按分数实行考核，根据各项指标的综合评分，可综合看出这个城市的环境质量。城市环境综合整治包括城市建设、环境建设、经济建设等多方面内容，实行定量考核改善和提高了城市环境质量，促进各有关部门都来关心和改善城市环境。

6.9.6 污染集中控制制度

污染集中控制是指在一定的范围内，为减少污染物排放总量和保护环境所建立的集中治理设施和采取的管理措施，是强化污染控制与环境管理的一种重要手段。

污染集中控制制度是以实现环境质量目标和污染物实现最大削减为控制原则，不过分追求污染源的达标排放，而是经过科学、合理的污染集中处理措施的规划，以最小的投资换取最大的环境、经济效益。污染集中控制有利于集中物力、财力和人力解决主要环境问题；有利于采用和推行新技术，提高污染治理效率；有利于提高资源能源利用率，减少废物生成，加速有害废物资源化；节省投资和运行费用，有利于保护目标的实现。

6.9.7 排污许可证制度

排污许可证制度是指以改善环境质量为目标，以污染物总量控制为基础，规定排污单位许可排放污染物的种类、数量、浓度、方式等的一项管理制度。我国目前推行的是排污许可证制度。实践证明，排污许可证制度是可行的，具有很强的生命力。推行这一制度对于促进老污染源的治理，实现污染负荷的削减；合理调整工业布局，加速建设项目环境管理目标的实现；全面提高企业和环保部门自身管理素质；推动污染源的控制向系统化、科学化、定量化转变具有重要意义。

排污许可证在性质上是环境保护部门对申请排污单位的排污活动的同意，有效控制排污单位污染物的排放。排污许可证制度包括排污单位的排污申报登记、许可证控制指标的确定、排污许可证污染物控制目标的规划分配、发放排污许可证、许可证执行情况的监督管理。

6.9.8 限期治理制度

限期治理制度是指各级政府为了解决某一环境问题，或为了实现某一环境目标，对于造成污染或其他环境问题的某些单位，发布限期治理的决定，也就是要求其必须在某一规定的限期内治理好某项污染，或解决某种环境问题，造成污染或其他环境问题单位应当如期完成治理任务。随着环境管理工作的不断发展和深入，限期治理不仅限于某个企业或事业单位，已扩展到一个地区或水域。

6.9.9 污染物排放总量控制制度

污染物排放总量控制制度是指在一定时间、一定空间条件下，对污染物排放总量的限制，其总量控制目标可以按环境容量确定，也可以将某一时段排放量作为控制基数，确定控制值。

污染物排放总量控制可使环境质量目标转变为流失总量控制指标，落实到企业的各项管理之中，它是环保监督部门发放排污许可证的根据，也是企业经营管理的基本依据之一。确定总量指标要考虑各地区的自然特征，弄清污染物在环境中的扩散、迁移和转移规律与对污染物的净化规律，计算出环境容量，并综合分析该区域内的污染源，通过建立一定的数学模型，计算出每个源的污染分担率和相应的污染物允许排放总量，求得最优方案，使每个污染源只能排放小于总量控制指标的排放总量。

第7章 水环境保护规划

7.1 水环境保护规划概述

水环境保护规划是指将经济社会与水环境作为一个有机整体，根据经济社会发展以及生态环境系统对水环境质量的要求，以实行水污染物排放总量控制为主要手段，从法律、行政、经济、技术等方面，对各种污染源和污染物的排放制定总体安排，以达到保护水资源、防止水污染和改善水环境质量的目的。其基本任务是根据国家或地区的经济社会发展规划、生态文明建设要求，结合区域内或区域间的水环境条件和特点，选定规划目标，拟定水环境治理和保护方案，提出生态系统保护、经济结构调整和建议。规划的主要内容包括水环境质量评估、水功能区的划分与协调、水污染物预测、水污染物排放总量控制、水污染防治工程措施和管理措施拟定等。为协调好经济社会发展与水环境保护的关系，合理开发利用水资源，维护好水域水量、水质的功能与资源属性，运用模拟和优化方法，寻求达到确定的水环境保护目标的最低经济代价和最佳运行管理策略。

7.1.1 水环境保护规划的类型

根据不同水环境保护目标的要求，按不同的划分方法，通常可将水环境保护划分为以下四类。

1. *按层次分类*

(1) 流域规划。流域规划，就是从全流域着眼，由技术经济论证入手，在

流域范围内协调各个主要污染源之间的关系，保证在全流域范围内干支流、上下游、左右岸的用水能满足规定的水质要求。其结果可作为污染物总量控制的依据，是区域规划的基础。在规划中应拟定水环境保护的近期要求和远期目标，确定水环境保护方案的经济效益、社会效益和环境效益，并提出规划实施的具体措施和步骤。

(2) 区域规划。区域规划是指流域范围内具有复杂污染源的城市或工业园区的水环境规划。它将流域规划的结果——污染物限制排放总量分配给各个污染源并以此制订具体的方案；为下一层次的城市规划以及设施规划提供指导。

(3) 城市规划。城市规划是以城市（或工矿区）作为规划对象而开展的水环境保护规划，其特点是系统主体相对集中在一个城市区域内，是目前环境保护规划中最主要和最基本的类型，也是目前实践最多的类型。

(4) 设施规划。设施规划是指针对某一个具体的水污染控制系统而制定的建设规划，要求所选定的污水处理设施既要满足污水处理效率的要求，又要使污水处理的费用最低。

2. 按规划方法分类

(1) 排放口处理最优规划。排放口处理最优规划是以每个小区的污水排放口为基础，在水体水质保护目标的约束下，求解各排放口污水处理效率的最佳组合，目标是各排放口的污水处理费用之和最低。在排放口处理最优规划时，各个污水处理厂的处理规模不变，处理污水量等于各小区收集的污水量。

(2) 均匀处理最优规划。均匀处理最优规划即厂群规划问题。其目的是在区域范围内寻求最佳的污水处理厂的位置及规模的组合，在相同的污水处理效率条件下，追求全区域内污水处理费用最低。

(3) 区域处理最优规划。区域处理最优规划是排放口处理最优规划与均匀处理最优规划的综合体。在区域处理最优规划中，既要寻求最佳的污水处理厂的位置与容量，又要寻求最佳的污水处理效率。

3. 按水体分类

(1) 河流规划。河流规划是以一条完整河流为对象而编制的水环境保护规划，因此规划包括水源、上游、下游及河口等各个环节。

(2) 河段规划。河段规划是以一条完整河流中污染严重或有特殊要求的河段为对象，在河流规划指导下编制的局部河段水环境保护规划。

（3）湖泊规划。湖泊规划是以湖泊为主要对象而编制的水环境保护规划，规划时要考虑湖泊的水体特征和污染特征。

（4）水库规划。水库规划是以水库及库区周边区域为主要对象而编制的水环境保护规划。

4. 按管理目的分类

（1）水污染控制系统规划。水污染控制系统规划就是选择适当的位置，建设适当规模和处理能力的污水处理厂，以达到既能满足水体的水质要求，又能使整个系统水污染控制费用最低的效果。水污染控制系统主要由污水排放口、污水处理厂、污水输送管道和接纳污水的水体组成。

（2）水质规划。水质规划是为使既定水域的水质在规划水平年能满足水环境保护目标需求而开展的规划工作。在规划过程中通过水体水质现状分析，建立水质模型，利用模拟化技术，寻求防治水体水污染的可行性方案。

（3）水污染综合防治规划。水污染综合防治规划是为保护和改善水质而制定的一系列综合防治措施体系。在规划过程中要根据规划水平年的水域水质保护目标，运用模拟和优化方法，提出防治水污染的综合措施和总体安排。

7.1.2 水环境保护规划的原则及工作流程

1. 基本原则

一个好的规划方案应是整体与局部、主观与客观、近期与远期、经济与环境效益相协调的。因此，制定一个好的水环境保护规划必须按照一定的原则，合理规划执行。水环境保护规划的基本原则如下：

（1）符合政策，遵守法规。水环境保护规划应与国家或地方的相关政策相符合，遵守法律法规，将水环境保护工作纳入“科学治水，依法管水”的轨道中。

（2）统筹兼顾，突出重点。水环境保护规划应与经济社会发展规划中的其他规划相协调，同时又要突出重点区域、行业、工程，通过水污染防治重点项目带动水环境保护的整体推进。

（3）环境与经济社会协调发展。水环境保护要与经济社会发展相辅相成。优化产业结构和布局，改变经济增长方式的转变，促进水资源的可持续利用。

（4）综合治理、多措并举。严格执行水资源管理制度，做到节流与开源、水质和水量有机结合，点源和面源污染治理相结合，工程措施与非工程措施相结合，推进水环境、水资源的有效保护。

（5）经济合理、技术可行。进行水资源保护需要大量人力、物力、财力的投入，因此规划不仅要考虑技术方案的先进性和治理效果的显著性，也要考虑我国国情和当地实际情况，使规划不仅在技术上可行，而且在经济上合理，实现综合效益的最大化。

2. 工作流程

水环境保护规划是一个科学决策的过程，往往需要各部门、各阶层之间的关系达到协调统一。因此，规划的过程就是寻求一个最佳的折中方案，其一般步骤可分为制定规划目标、建立模型、模拟优化、评价决策4个阶段。水环境保护规划工作流程如下：

（1）制定规划目标。在开展水环境保护规划工作之前应先明确规划目标，规划目标是指规划范围、水体使用功能、水质标准、技术水平等。水资源保护规划目标应根据区域实际情况及发展需要来制定，是经济社会发展与水环境协调发展的综合体现。因此需要通过对河流的背景值调查、污染源调查与评价、水质现状调查与评价、水功能区划等工作提出水质保护目标方案，以便确定既满足水环境使用功能，又在技术和经济上可行的规划目标。

（2）建立模型。运用数学模型，建立污染源发生系统、水环境系统水质与污染控制系统之间的定量关系，模拟水体的水质状况。

（3）模拟优化。在水环境保护规划中，应根据具体条件，选择采用最优化方法还是采用方案优选的方法。最优化规划的特点是根据污染源、水体、污水处理厂和输水管线等方面的信息，一次性求出水污染控制的最佳方案，但只有在资料详尽，技术具备的地方才能顺利地应用最优规划方法，而且得到的方案是理想化状态下的方案。

方案优选与最优规划不同，同时结合城市、工业区的发展水平与市政的规划建设水平，拟定污水处理系统的各种可行方案，然后根据方案中污水排放与水体之间的关系进行水质模拟来检验方案的可行性，然后通过损益分析或其他决策分析方法来进行方案优选。

（4）评价决策。对水环境保护规划的评价是对方案实施后对经济、社会、

环境等影响进行鉴别、描述和衡量。因此，规划者要充分考虑政治、经济、社会、生态、技术等各方面的因素，对各种目标进行统一协调，做出一个切实可行的最佳方案。

7.2 水功能区划

水功能区划分主要是在对研究区域内水系进行系统调查和分析的基础上，科学合理地在相应水域划定具有特定功能、满足水资源合理开发利用和保护要求并能发挥最佳效益的不同区域，制定水域功能不遭破坏的水资源保护目标。通过正确地划分水功能区，可以科学地计算水域的水环境容量，从而达到既能充分利用水体自净能力、节省污水处理费用，又能有效地保护水资源和生态系统、满足水域功能要求的目标。在科学地划定水功能区和计算其水环境容量后，制定入河排污口的排污总量控制规划，并对该水域的污染源进行优化分配和综合治理，提出入河排污口布局、限期治理和综合整治的方案。这样可将水资源保护的目的管理落实到污染物综合整治的实处，从而保证水功能区水质目标的实现。

7.2.1 水功能区的分类体系

我国目前的水功能区划分采用两级体系，即一级水功能区和二级水功能区。

1. 一级水功能区

一级水功能区又分为保护区、缓冲区、开发利用区和保留区，是在宏观上解决水资源开发利用与保护的问题，主要协调地区之间的用水关系，并从长远上考虑可持续发展的需求。四类一级水功能区的比较见表 7-1。

表 7-1 四类一级水功能区的比较

类型	定义	参照指标	划分条件
保护区	保护区是指对水资源保护、饮用水保护、生态系统和珍稀濒危物种的保护具有重要意义的水域	集水面积、水量、调水量、保护级别等	(1) 重要的涉水国家和省级自然保护区、国际重要湿地及重要国家级水产种质资源保护区范围内的水域，或具有典型生态保护意义的自然生境内的水域。 (2) 已建和拟建（规划水平年内建设）跨流域、跨区域的调水工程水源（包括线路）和国家重要水源地水域。 (3) 重要河流源头河段一定范围内的水域

续表

类型	定义	参照指标	划分条件
缓冲区	缓冲区是指为协调省际间或矛盾突出的地区间的用水关系而划定的水域	省界断面水域，用水矛盾突出的水域范围、水质、水量状况等	(1) 跨省（自治区、直辖市）行政区域边界的水域。 (2) 河流沿线上下游地区间或部门间矛盾比较突出或者有争议的水域，缓冲区的长度视矛盾的突出程度而定
开发利用区	开发利用区是指为满足城镇生活、工农业生产、渔业、娱乐等功能需求而划定的水域	产值、人口、用水量、排污量、水域水质等	取水口集中，有关指标达到一定规模和要求的水域（如流域内重要城市河段，具有一定灌溉用水量和渔业用水要求的水域等）。具体划分可参考二级水功能区的划分方法
保留区	保留区是指目前开发利用程度不高，但为今后开发利用和保护水资源而预留的水域	产值、人口、用水量、水域水质等	(1) 受人类影响活动较小，水资源开发利用程度较低的水域。 (2) 目前不具备开发条件的水域。 (3) 考虑可持续发展需要，为今后发展保留的水域。 (4) 划定保护区、缓冲区和开发利用区后的其余水域

2. 二级水功能区

二级水功能区对一级水功能区中的保护区和开发利用区进行再分类，将保护区再细分为饮用水水源区、工业用水区、农业用水区、渔业用水区、景观娱乐用水区、过渡区和排污控制区等，见表7-2。

表7-2　七类二级水功能区比较

类型	定义	说明
饮用水水源区	饮用水源区是指为城镇提供综合生活用水而划定的水域	(1) 现有城镇综合生活用水取水口分布较集中的水域，或在规划水平年内为城镇发展设置的综合生活供水水域。 (2) 用水户的取水量符合取水许可管理的有关规定
工业用水区	工业用水区是指为满足工业用水而划定的水域	(1) 现有工业用水取水口分布较为集中的水域，或在规划水平年内需设置的工业用水供水水域。 (2) 供水量满足取水许可管理的有关规定
农业用水区	农业用水区是指为满足农业灌溉用水需要而划定的水域	(1) 现有农业用水取水口分布较为集中的水域，或在规划水平年内需设置的农业用水供水水域。 (2) 供水量满足取水许可管理的有关规定
渔业用水区	渔业用水区是指为水生生物自然繁育以及水产养殖而划定的水域	(1) 天然的或天然水域中人工营造的水生生物养殖用水的区域。 (2) 天然水生生物的重要产卵场、索饵场、越冬场及主要洄游通道涉及的水域，或受水生生物养护、生态修复所开展的增殖水域

续表

类　型	定　　义	说　　明
景观娱乐用水区	景观娱乐用水区是指以景观、疗养、度假和娱乐需要为目的的水域	（1）休闲娱乐度假所涉及的水域和水上运动场需要的水域。 （2）风景名胜区所涉及的水域
过渡区	过渡区是指为使水质要求有较大差异的相邻水功能区顺利衔接而划定的水域	（1）下游水质要求高于上游水质要求的相邻功能区之间的水域。 （2）有双向水流，且水质要求不同的相邻功能区之间的水域
排污控制区	排污控制区是指生产、生活污废水排放口比较集中，且所接纳的污废水不会对下游水环境保护目标产生重大不利影响的水域	（1）接纳污废水中污染物为可稀释降解的。 （2）水域稀释自净能力较强，其水文、生态特性适宜作为排污区

当前我国水资源短缺、水污染严重，由于江河湖库水缺乏明确的功能划分和保护要求，导致用水、排污布局不合理，开发利用与保护的关系不协调，水域保护目标不明确等问题，严重影响水资源管理和保护工作的开展，因此迫切需要建立合理的水功能区划。《中华人民共和国水法》第三十二条明确规定，国务院水行政主管部门会同国务院环境保护行政主管部门、有关部门和有关省、自治区、直辖市人民政府，拟定国家确定的重要江河、湖泊的水功能区划，报国务院批准。同时，要求按照水功能区对水质的要求和水体的自然净化能力，核定该水域的纳污能力，提出该水域的限制排污总量意见，对水功能区的水质状况进行监测，贯彻落实《中华人民共和国水法》等有关法律法规。同时，水功能区划还是实行最严格水资源管理制度的重要内容。

7.3 水污染总量控制

7.3.1 水污染总量控制基本方法

实施总量控制有两种方法：一种是正推法，即依据一个既定的环境目标或污染物消减目标，限定污染源的污染物排放总量，它从污染源的可控性出发，强调控制目标，强调技术、经济可行性，一般称为最佳实用方案，或目标总量控制；另一种是反推法，即依据区域环境容量，反推允许排入环境的污染总量，是从环境允许纳污量出发，强调环境目标，强调环境、技术、经济三个效益的统一，一般称为环境质量规划方法或容量总量控制。

（1）容量总量控制。利用水体的自净能力，从水环境质量标准出发，计算水域的允许纳污量，反推允许排入水体的污染物总量，然后围绕环境目标的可达性和污染源可控性进行环境、经济、技术效益的系统分析，优化分配污染负荷，制定出切实可行的总量控制方案。其主要步骤为：计算受纳水域容许纳污量→控制区域允许排污量→总量控制方案经济、技术评价→确定排放口总量控制负荷指标。

（2）目标总量控制。从削减污染物目标出发，结合国家排放标准和地区经济、技术特点，制定优化负荷分配方案，预测对环境的改善前景，决策实施方案。目标总量控制不仅要考虑水域的功能、质量要求和污染现状，而且也要考虑地区的技术、经济条件和管理水平。它包括环境目标与污染物削减水平的科学确定，以及污染源治理方案的优化计算。其主要步骤为：确定污染源削减目标→总量控制方案技术、经济评价→排放口总量控制负荷指标。

这两种方法的出发点是不同的。容量总量控制以水质标准为控制基点，从污染源可控性、环境目标可达性两个方面进行总量控制负荷分配；目标总量控制以污染源排放量为控制基点，从污染源可控性进行总量负荷分配。但其最终目的是一致的，即在环境质量要求与技术经济条件之间寻求最佳的结合点，这个结合点的具体表现就是“最好”的控制方案。

7.3.2 总量控制的技术关键

总量控制的技术关键是建立污染源与环境目标之间的输入响应关系。污染源和环境目标是规划的两个对象，它们之间存在两个定量关系，如图 7-1 所示。

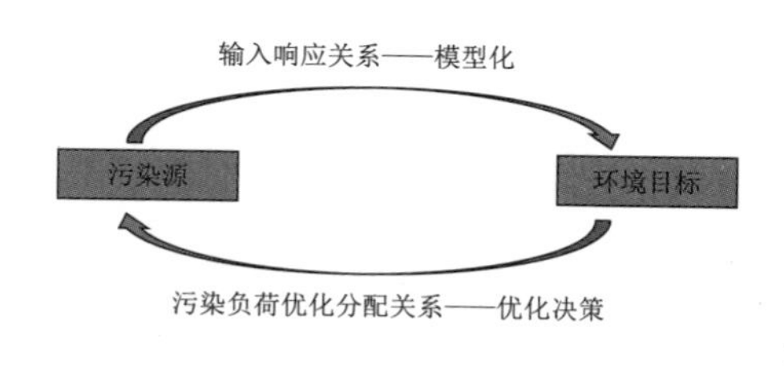

图 7-1 总量控制中源与目标之间的关系

第一个定量关系是污染源排放量与环境保护目标（功能区、流域河段等）之间的输入响应关系。由于衡量环境目标的指标是水质浓度，考察污染源的指标是污染物排放总量，所以必须弄清污染物排放总量与水质浓度之间的关系。对于水污染控制单元来说，这两者之间的关系并不只是简单的稀释关系，而是由物理、化学和生化等多种过程的综合作用所决定，因此，确定水污染物总量削减目标的关键是建立反映污染物在水体中迁移转化规律的水质模型，据此建立在一定的设计条件和排放条件下反映污染物排放总量与水质浓度之间的关系。这一定量关系实现了不同污染源对环境目标贡献率的定量评价。

第二个定量关系是污染负荷优化分配关系。描述这一关系的是各种技术、经济优化模型，为实现某一环境目标，在限定的时间、投资条件下，通过技术、经济优化模型，可以制定治理费用最小的优化决策方案。这一定量关系对环境目标的可达性、污染源的可控性作了技术经济限定。

上述源与目标之间的两个定量关系，反映了总量控制中的两步分配；源与目标间的定量关系，反映了水环境容量分配；控制污染源的优化分配定量关系，反映了负荷技术、经济优化分配，这是典型的容量控制过程。作为目标总量控制，同样需要这两个定量关系来反映不同输入响应方案的效益比较，即通过源的不同方案输入值，寻找满意的环境响应，并通过给定的不同环境目标值，寻求效益最佳的污染源控制组合方案，保证方案的可实施性。

必须把这两个定量关系都理解为源与目标间输入响应关系的组成部分，才能把握总量控制的技术关键，将源与目标间的评价、控制两大问题解决好。所谓定量管理，就是实现两个定量的评价和控制。

7.3.3 行业总量控制

行业总量控制方法是从行业技术改造、提高资源与能源的利用率出发，通过改进生产工艺、实现物料的闭路循环、强化生产管理和环境管理职能等方面来削减行业污染物的排放量。它是以资源、能源合理利用为控制基点，从最佳生产工艺和实用处理技术两方面进行总量控制，更多的是考虑污染源的生产工艺和可行处理技术，是从总量控制思想演化而来的。虽然行业总量控制没有体现环境容量、负荷技术经济两类分配的特点，但是却在污染源内部开辟了消灭污染于生产工艺过程中的新领域，即清洁生产与污染全过程方法，指出了控制污染的正确方向。

工业污染源是环境污染的主要来源，消除污染、改善环境质量，根本问题在于搞好污染源的防治工作。现行的工业污染控制方法无论是浓度控制还是总量控制，都是着眼于生产过程的末端处理，即花费大量的财力、物力和人力，采用技术措施对生产过程中产生的污染物进行净化处理，以满足一定的排放要求，使其排出后不会对人体健康和环境造成危害。这种工业污染控制方式虽然在防治环境污染方面起到了一定的作用，但却是一种被动的、消极的做法，存在不少缺点，主要表现为：①容易引起二次污染，不能从根本上消除环境污染，例如，废气中的污染物转入废水，废水中的污染物转入废渣，而废渣堆放、填埋等处置不当仍会使污染物逸入大气或浸入废水；②没有考虑产品的生态无害性，有些产品例如氯化烃、氟氯烃、多氯联苯农药、农用薄膜和含铅的汽油等，在使用过程中往往比其生产过程更危害环境。另外，污染物处理设施一般投资大，运行费用高，从经济角度上来说这并不是一种很理想的方式。

为了改变传统的高投入、高消耗、高消费的生产模式，提高生产效率，适当消费，最高限度地利用资源和最低限度地产出废料，就得从工业生产过程入手，把工业污染控制贯穿到整个生产、消费过程。为此，人们提出了清洁生产（无废生产）和污染全过程控制方法，这是行业总量控制的进一步发展和完善。

7.3.4　清洁生产与污染全过程控制

作为工业生产模式，其输入资源和能源，输出产品和废料，而且产品在使用后最终也变成废物，废弃于环境之中。也就是说，污染物的产生与产品的生产过程、消费过程密切相关。为了从根本上消除污染，明智的措施是在生产过程中减少甚至消灭污染物，不仅注重污染物产生后的末端治理，而且更注重控制污染物的产生，即从工业生产的前端和末端进行污染的全方位控制，这就是所谓的清洁生产与污染全过程控制。它的基本思想是运用生态学基本规律，从工业生产入手，选择无废工艺或少废工艺，实现最大限度地合理开发利用资源和能源，使得整个生产过程的排污量最少化，并利用末端处理技术实现废物的再生、复用和循环。

实行污染的全过程控制，是 20 世纪 90 年代我国工业污染防治的重大战略。

1. 清洁生产的内容

清洁生产是工业生产的一种理想模式，它的目的是使生产和消费过程的废物资源化、无害化，对环境造成的危害最少化。从本质上讲，污染现象是资源、能源在生产过程中没有得到充分利用的结果，而资源、能源利用不充分又与产品类型、原材料的选择和工艺过程等有关。因此，清洁生产的内涵应包括清洁的能源、清洁的生产过程和清洁的产品三个方面，具体内容如下：

（1）清洁的能源。选择无毒、低毒、少污染的能源和原料，清洁的能源包括常规能源的清洁利用、可再生能源的利用、新能源的开发和利用、各种节能技术的开发和利用。

（2）清洁的生产过程。选择清洁的工艺设备，强化生产过程的管理，减少物料的流失和泄漏，提高资源、能源的利用率。清洁的生产过程包括：尽量少用或不用有毒有害的原材料，尽可能地选择无毒无害的中间产品；减少生产过程的各种危险性因素，如易燃、易爆、强噪声、强振动等；采用少废、无废的工艺和高效的设备，最大限度地利用原料和能源；具有简便、可靠的操作以及有效的管理体系。

（3）清洁的产品。开发、设计、生产无毒无害的产品——在被使用过程中以及使用后不含危害人体健康和生态环境的因素，而且报废后易于回收、再生和复用，或者易处置、易降解。

2. 创建清洁生产的基本原则

在创建清洁生产时应遵循如下基本原则：

（1）系统性原则。强调系统性，就是不要孤立地看问题，而是把考察的对象置于一定的系统之中，分析它在系统中的层次、地位、作用和联系。例如，设计一个产品，要从生产到消费、消费到复用的全过程加以考虑，除了定制它的生产工艺外，还要安排它使用报废后的去向。

（2）综合性原则。由于工业上所用的原料，如煤、石油、矿石等，都不是单一的组成，而是具有多组分的复杂系统，所以利用方式也不是单一的，必须综合利用。

（3）物流的闭合性原则。物流的闭合性是强调工业生产中物料的再循环。如对工业用水来说，要求工厂的供水、用水和净水统一起来，实现工厂用水的闭路循环，实现生产过程无废水排放。闭合性原则的最终目标是有意识地在整个技术圈内组织和调节物质循环。

（4）生态无害性原则。清洁生产应采用无公害工艺，在生产过程中不污染空气、水体和土壤，不危害人体健康，不损害风景区、疗养区的美学价值。

（5）生产组织的合理性原则。这项原则旨在合理地利用原料，优化产品的设计和结构，降低原料和能源消耗，减少劳动量，利用新能源和新材料等。

3. 清洁生产的技术路线

开发清洁生产技术是一项复杂的综合性工作，实现清洁生产，要从生产—环境保护的一体化原则出发，不但要了解环境保护的法规和要求，还需要掌握各行业的生产过程、产品的消费过程以及生产技术，清洁生产的技术路线主要有以下五个方面。

(1) 遵循4R原则，提高资源、能源的利用率。资源、能源的综合利用是创建清洁生产的首要方向，如果原料中的所有组分通过加工都变成产品，就实现了清洁生产的主要目标。通过4R途径，充分利用资源、能源，变废为宝，不但可以提高工业生产的经济效益，也减少了废物的生成和排放，减轻了环境污染，具有环境效益。4R原则即减量化（Reduce）、再循环（Recycle）、再利用（Reuse）、回收有用成分（Recover）。

减量化，指在生产过程中充分利用资源、能源，减少或消灭废物的产生。

再循环，指工业生产过程中产生的废物（或经过一定处理）返回原生产流程重复使用。例如，冷却水的循环使用，从造纸的白水回收纤维后再循环使用等。

再利用，指工业生产过程中产生和排放的废物，经适当处理后作为原料或原料的替代物返回原生产流程或者返回用于其他企业的生产过程中。例如，以油为原料的合成氨工业，用重油处理油造气废水中的炭黑，炭黑回炉返烧制气；火电厂粉煤灰作为生产水泥的原料。

回收有用成分，指从废物中回收有用成分作为副产品或其他产品生产的原料，或把生产过程中跑、冒、滴、漏等流失的物料回收后作为原料返回生产流程。例如，从碱法制浆废水中回收碱；将合成洗涤剂的泥脚废水加氨水中和至pH值到5.6，回收氢氧化铝，得到的氯化氨溶液再经浓缩、自然结晶，制得氯化氨化肥。

(2) 改进传统工艺和设备，开发新技术、新工艺。这是创建清洁生产的关键所在。工业生产过程中产生的废物、造成的污染是工艺不完善的具体表现。如果不从改革工艺着手，只着眼于废物的无害化处理，显然是一种舍本求末的做法。因此，改革旧工艺，开发新工艺，采用节能、降耗、低污染的无废、少废、无害、少害工艺是消除工业污染的根本途径。

改革生产工艺，首先要通过调查研究，分析现状，弄清污染物在整个生产过程中的流动情况，找出产生废物的主要原因，对症下药。一般来说，首先可以从简化流程中的工序和设备着手，为求实现生产过程的连续操作，减少因开车、停车造成的不稳定状况；其次是提高单套设备的生产能力，强化生产过程；再次是在原有工艺的基础上，适当改变工艺条件；此外，还可以改变原料配方等。

（3）改进产品结构。工业产品是工业生产的各种效益的载体。在传统工业中，产品的设计往往只是从经济角度出发，根据经济效益选择原料、加工工艺和设备，确定产品的规格和性能。产品的使用也常常以一次性为限。

随着科学技术的发展和产品的更新换代，人们开始认识到工业污染不但发生在生产产品的过程中，而且还会出现在产品的消费过程中，有些产品在使用中或废弃后，也会对环境造成污染和危害。因此，在设计产品时，要按照清洁生产的基本原则，不但考虑经济原则，还要顾及生态效益；不但考虑产品在消费中的使用性能，还要关心产品成为废品后所产生的环境效果。

（4）加强生产管理和环境管理。根据全过程控制的概念，环境管理要贯穿工业生产经营的整个过程，落实到企业的各个层次，分解到生产过程的各个环节，把环境管理与生产管理紧密地结合起来。不但要建立完善的生产管理体系和规章制度，也要建立完善的环境管理体系和规章制度，以保证清洁生产的顺利进行。

（5）建立必要的末端处理系统。在全过程控制中同样包括必要的末端处理措施，这种末端处理主要是解决工业废料的资源化、再循环与无害化问题。同时，末端处理还可以作为集中治理前的预处理措施。

7.4 水环境容量

环境容量是指环境在满足特定功能下对污染的可承载负荷量，反映的是污染物在环境中的迁移、转化和积存规律。在实际应用中，环境容量是环境目标管理的基本依据，是环境规划的主要环境约束条件，也是污染物总量控制的关键参数。本节主要介绍环境容量中水环境容量这一领域的基本概念和理论。

7.4.1 水环境容量的定义

水环境容量是指一定水体在使用功能不受破坏的条件下所能容纳污染物的

最大量，通常将在给定水域范围和水文水力条件、给定排污地点与方式、给定水质标准等条件下，水域的允许纳污量（或排污口最大排放量）拟作水环境容量。

在理论上，水环境容量是水体自然特征参数和社会效益参数的多变量函数，可用函数关系表达为

$$W_c = f(C_p, S, S', Q, Q_E, t) \tag{7-1}$$

式中 W_c——水环境容量或允许纳污量，用污染物浓度乘水量表示，也可用污染物总量表示；

C_p——水体中污染物的背景浓度；

S——水质标准；

Q、Q_E——水体流量和污水排放量；

S'、t——距离和时间。

容量的大小与水体特征、水质目标和污染物特性等有关。

1. 水体特征与水环境容量

水体特征包含一系列自然参数，如水体几何参数（形状、大小）、水文参数（流量、流速、水温等）、地球化学背景参数（pH值、硬度、污染物的背景值）、物理自净（挥发、稀释、扩散、沉降和分子态吸附等）、物理化学自净（离子态吸附）、化学自净（水解、氧化、光化学等）、生物降解（氧化还原、水解、光合作用等）。显然，这些自然参数决定着水体对污染物的扩散稀释能力和自净能力，从而决定着水环境容量的大小。水环境容量是水体自然特征参数的函数。

2. 水质目标与水环境容量

水体对污染物的纳污能力是相对于水体满足一定的使用功能而言的。水的用途不同，允许存在于水体的污染物量也不同。我国将地面水质标准按用途分为五类，每类水体允许的标准影响着水环境容量的大小。另外，我国各地自然地理条件差异较大，经济技术水平也不同，因此，各地方应从实际情况出发，建立切实可行的水质目标。水质标准的建立与水质目标的确定均带有明显的地方性、社会性，因此，水环境容量又是社会效益参数的函数。

3. 污染物特性与水环境容量

一方面，污染物本身所具有的物化特性和在水体中的含量不同，水体对污染物的自净作用就不同；另一方面，不同污染物对水生生物的毒性作用及对人

体健康的影响不同，允许存在于水体中的污染物量也不同。所以，针对不同的污染物有不同的水环境容量。

影响水环境容量的除上述三种因素之外，还与污染物的排放位置和方式密切相关。当排污较集中时，水环境容量就相应减小；当排污位置分布均匀时，就有较大的水环境容量。

7.4.2 水环境容量的分类

根据不同应用机制，水环境容量分类如下：

1. 按水环境目标分类

(1) 自然水环境容量。以污染物在水体中的标准值为水质目标，则水体的允许纳污量称为自然水环境容量。它反映了水体和污染物的客观性质，即反映水体以不对水生生态和人体健康造成不良影响为前提的污染物容纳能力，与人们的意愿无关，不受人为社会因素影响，具有客观性。

(2) 管理水环境容量。以污染物在水体中的标准值为水质目标，则水体的允许纳污量称为管理水环境容量。它反映的是以满足人为规定的水质标准为约束条件，不仅与水体的自然属性有关，而且与技术、经济条件有关，具有主观性。

2. 按污染物降解机理分类

(1) 稀释容量。污染物进入天然水体后，便在一定范围内两者相互混掺，污染物浓度由高变低，显然天然水体对污染物有一定的稀释纳污能力。水体这种通过物理稀释作用所能容纳污染物的量称为稀释容量。只要有稀释水量，就存在稀释容量。

稀释容量又分定常稀释容量和随机稀释容量两种。定常稀释容量是指在定常设计条件（包括水体流量、污水排放量和排放浓度等）下求得的稀释容量；随机稀释容量即考虑水文、排污量及排放浓度随机波动状况下，达到某一达标率的水环境容量。随机稀释容量比较真实地反映水文条件及污染源排放的随机波动状况，科学地给出了不同达标率的水体纳污能力和允许排放量。随机稀释容量是用一系列连续值来表示的，可以克服试图用一个（或有限个）数值来描述环境容量的弊端，突出了环境容量时空分布不均匀的特征，推进了环境风险决策，并为环境管理提供了更多选择和决策。

(2) 自净容量。除稀释作用之外，水体通过物理、化学、生物作用等对污染物所具有的降解或无害化能力，即表征为自净容量。自净容量反映水体对污染物的自净能力，若污染物主要为易降解有机物，则自净容量又称同化容量。只要污染物有衰减系数，就存在自净容量，即使在污水中也如此。

3. 按污染物性质分类

(1) 耗氧有机物（或易降解有机物）水环境容量。耗氧有机物是指那些能被水体中的氧、氧化剂或微生物氧化分解变成简单的无毒物质的有机物，即能够比较容易被水体自净同化的有机物，例如BOD、酚等。这类有机物显然有较大的水环境容量，通常所说的水环境容量主要是指这部分容量。

(2) 有毒有机物（或难降解有机物）水环境容量。这类有机物是指人工合成的毒性大、不易降解的有机物，例如有机氯农药、多氯联苯等合成有机物，它们的化学稳定性极高，在自然界中完全分解所需的时间长达10年以上。有毒有机物水环境容量的特点是同化容量甚微，一般只考虑稀释容量。这类污染物主要应用于消除污染源，开发利用它们的水环境容量应慎重。

(3) 重金属水环境容量。重金属可被水体稀释到阈值以下，从这个角度讲，重金属有水环境容量。但是，重金属是保守性污染物质，在水体中只存在形态变化与相的转移，不能被分解；所以，重金属没有同化容量。这类污染物不论排放去向和方式如何，均应严格控制。

4. 按容量的可再生性分类

可再生性是指水体对污染物的同化能力，而水体的稀释、迁移、扩散能力则属于非再生性。

(1) 可更新容量。即水体对污染物的降解自净容量或无害化容量（如耗氧有机物水环境容量就是可更新容量），是可以不断再生的容量，如果控制和利用得当，又是可以利用的水环境容量。通常所说的利用水体自净能力，就是指这部分可更新容量。但是，可更新容量的超负荷开发利用，同样会造成水环境污染，因此要合理利用这部分水环境容量。

(2) 不可更新容量。在自然条件下，水体对不可降解或长时期只能微量降解的污染物所具有的容量，称为不可更新容量。这部分容量的恢复，只表现在污染物的迁移、吸附、沉积和相的转移，在大环境水体中的总数量不变。例如，重金属和许多人工合成有毒有机物的水环境容量就属于不可更新容量。对这部分容量应立足于保护，不宜强调开发利用。

另外水环境容量还可以按容量的可分配性分为不可分配环境容量和可分配环境容量。在自然水体中，点污染源、面污染源、自然污染源等对水体中的总污染负荷都有“贡献”，都要占用相应的水环境容量。但是，自然污染源非人为所能控制，因而所占用的水环境容量也就不可再分配使用。面污染源要改变目前往往需要花费很大的财力、物力和很长的时间，因而其所占用的水环境容量实际上也是难以再分配使用的。点污染源实际上也不是全部都能控制改变，可控制的污染物主要是点污染源中的工业污染源和部分生活污染源。这种可控污染物所占用的水环境容量即是可分配环境容量。总量控制负荷分配中实际可使用的容量也只有可分配环境容量。

7.4.3 水环境容量的基本特征

水环境容量有地带性、资源性和不均衡性三个基本特征。

1. 地带性

天然水体分布在不同的地理环境和地球化学环境中，在不同的水文、气象条件下运动，决定了不同地带的水体对污染物有着不同的物理自净、化学自净和生物自净能力，从而决定了水环境容量具有明显的地带性特征。例如，我国的南方地区多处于丰水带和多水带，河网密集，水体总径流比北方大，对污染物的物理稀释作用就比北方强；而且南方的气温和湿度都比北方高，水体的化学活性和生物活性也比北方强，因而水体对污染物的化学自净能力和生化自净能力也高于北方。所以我国南方水体的耗氧有机物水环境容量一般多大于北方的水体。但由于北方水体的 pH 值大，硬度高，重金属活性微弱，迁移能力减弱，因此北方的水体有利于发挥对重金属的物理自净能力。

除自然环境地带性对水环境容量有影响外，人为社会环境特征对水环境容量的影响更为强烈。未受人类活动影响或影响甚微地带，水体基本保持在背景浓度的水平，环境容量的丰度很大。而受人为活动影响较大的水体，如位于城市附近的大江大河局部江段，污染严重，水环境容量的丰度较低。就我国大多数位于城市附近的水体而言，水环境容量开发强度已经超过或接近水体纳污能力，水环境容量应立足于保护。

2. 资源性

自然资源是指为满足人类的生活和生产需要而被利用的一切自然物质和能

量。水环境容量也是一种自然资源，因为它具有降解水中污染物的动能、化学能和生物能。既然是资源就具有价值。水环境容量的价值具体表现为：通过容量所包含对污染物缓冲作用的潜能，水体中即使具有一定的污染物也能满足人类生活和生产活动的需要；可以部分地代替人工污水处理，减轻污水处理负担，从而降低水污染治理的投资。

虽然水环境容量是一种资源，可以节省水污染控制费用，但它又是一种有限的资源，是可以被耗尽的，不能滥加开发利用。因为水环境容量资源中只有一部分可更新，并且它的更新与恢复主要依靠自然力，其人工可调性是很微弱的。容量资源开发一旦超过容许界限，也就是说，污染物流入天然水体的量超过了水体的自净作用，容量资源的恢复就十分困难，就会引起水体污染。所以，必须用保护、永续利用的观点，适度开发利用水环境容量资源。

3. 不均衡性

水环境容量并不是一个抽象的概念，而是具体针对某一类污染物来说的。由于污染物在水体中的迁移转化途径多种多样，例如稀释、吸附沉淀、脱附、化学转化（光化学、水解、氧化还原、络合等）、生物转化（好氧、厌氧、兼性过程）等，不同性质的污染物对各类迁移转化的响应程度很大，决定了水环境容量对污染物的不均衡特征。例如，大多数耗氧有机物可被生物降解为无害物，耗氧有机物水环境容量的丰度很高；有毒有机物常吸附于颗粒物或底泥中，很多有毒有机物可转化为另一种有毒化合物，有一些则抗生物降解，产生生物富集，有毒有机物水环境容量的丰度很低；对重金属，由于只存在形态变化与相的转移，它的水环境容量丰度甚微。

7.5 水域纳污能力

水域纳污能力是指水体在设计水文条件下、规定环境保护目标和排污口位置条件下，所容纳的最大污染数量。水环境容量是指在给定的水环境保护目标、设计水文条件和水域自然背景值条件下，水域能够容纳污染物的最大数量。水域纳污能力与水环境容量的主要区别是：水域纳污能力考虑排污口和排放方式；水环境容量一般不考虑排污口情况。

影响水域纳污能力的主要因素有：①水质标准，从保护和改善水资源质量

的要求出发，依据水功能区划确定的水质目标；②水体稀释自净规律，影响水体稀释作用的差值容量及各种自净作用的同化容量；③水量及其时间变化，水量的大小决定差值容量的大小，也影响水体的自净作用，另外水量的交换速度对同化容量有影响；④水域的自然背景值，即在天然情况下的水域污染物浓度，自然背景值越高纳污量越小，由于目前除在偏僻地区的水体呈自然背景浓度外，其他水域都受到不同程度的污染影响，背景值在计算纳污量时的意义已不大，往往采用来水中污染物的浓度作为考虑纳污量的下限值；⑤排污口的位置和方式，当排污口分布较均匀时，推算的纳污量较大，当排污口较集中时，水域的纳污量就相应减少。

水域纳污能力应按不同的水功能区确定计算方法。开发利用区和缓冲区水域纳污能力主要采用数学模型计算法，保护区和保留区水域纳污能力主要采用污染负荷计算法。污染负荷计算法计算水域纳污能力，具体采用实测法、调查统计法或估算法，可根据实际情况确定。实测法以调查收集或实测入河排污口资料为主；调查统计法以调查收集工矿企业、城镇废污水排放资料为主；估算法以调查收集工矿企业和第三产业产量、产值以及城镇人口资料为主。根据管理和规划的要求，用实测法、调查统计法和估算法计算得到的污染物入河量作为水域纳污能力。

7.5.1 河流纳污能力计算模型

根据污染物的扩散特性及实际情况，我国河流的计算河段按多年平均流量 Q 划为三大类：大型河段（$Q \geqslant 150m^3/s$）；中型河段（$15m^3/s < Q < 150m^3/s$）；小型河段（$Q \leqslant 15m^3/s$）。若河道特征或水力条件有显著变化，应该分段计算水域纳污能力。

1. 河流零维模型

该模型适用于污染物均匀混合的小型河段，河段污染物浓度为

$$C=\frac{C_p Q_p + C_0 Q}{Q_p + Q} \tag{7-2}$$

式中 C——污染物浓度，mg/L；

Q_p——污废水排放流量，m^3/s；

Q——初始断面的入流流量，m^3/L；

C_p——排放的废污水污染物浓度，m^3/L；

C_0——初始断面的污染物浓度，m^3/L，由紧邻的上一个水功能区的水质目标浓度值 C_s 确定；C_s 根据水功能区的水质目标限值等条件确定。

相应的水域纳污能力为

$$M=(C_s-C_0)(Q+Q_p) \tag{7-3}$$

式中 M——水域纳污能力，kg/s；

其他符号意义同前。

2. 河流一维模型

该模型适用于污染物在横断面上均匀混合的中小型河段，污染物浓度为

$$C_x=C_0\exp\left(-K\frac{x}{u}\right) \tag{7-4}$$

式中 C_x——流经 x 距离后的污染物浓度，mg/L；

x——沿河段的纵向距离，m；

u——设计流量下河道断面的平均流速，m/s；

K——污染物降解衰减系数，1/s；

其他符号意义同前。

相应的水域纳污能力为

$$M=(C_s-C_x)(Q+Q_p) \tag{7-5}$$

式中符号意义同前。

当入河排污口位于计算河段的中部（即 $x=L/2$）时，水功能区下断面的污染物浓度及其相应的水域纳污能力为

$$C_{x=L}=C_0\exp\left(-K\frac{X}{u}\right)+\frac{m}{Q}\exp\left(-K\frac{x}{u}\right) \tag{7-6}$$

$$M=(C_s-C_{x=L})(Q+Q_p) \tag{7-7}$$

式中 m——污染物入河速率，g/s；

$C_{x=L}$——水功能区下断面的污染物浓度，mg/L；

L——计算河段长，m；

其他符号意义同前。

3. 河流二维模型

该模型适用于污染物非均匀混合的大型河段。对于顺直河段，忽略横向流速及纵向离散作用，且污染物排放不随时间变化时，二维对流扩散方程为

$$u\frac{\partial C}{\partial x}=\frac{\partial}{\partial y}\left(E_y\frac{\partial C}{\partial y}\right)-KC \tag{7-8}$$

式中　E_y——污染物的横向扩散系数，m^3/s；

y——计算点到岸边的横向距离，m；

其他符号意义同前。

基本方程可用解析法求解，若河道为矩形时，其解析解为

$$C(x,y)=\left[C_0+\frac{m}{h\sqrt{\pi E_y xv}}\exp\left(-\frac{v}{4x}\frac{y^2}{E_y}\right)\right]\exp\left(-K\frac{x}{v}\right) \tag{7-9}$$

式中　$C(x,y)$——计算水域代表点的污染物平均浓度，mg/L；

其他符号意义同前。

以岸边污染物浓度作为下游控制断面的控制浓度时，即 $y=0$，岸边污染物浓度为

$$C(x,0)=\left[C_0+\frac{m}{h\sqrt{\pi E_y xv}}\right]\exp\left(-K\frac{x}{v}\right) \tag{7-10}$$

式中　$C(x,0)$——纵向距离为 x 的断面岸边（$y=0$）污染物浓度，mg/L；

v——设计流量下计算水域的平均流速，m/s；

h——设计流量下计算水域的平均水深，m；

其他符号意义同前。

相应的水域纳污能力为

$$M=[C_s-C(x,y)]Q \tag{7-11}$$

当 $y=0$ 时

$$M=[C_s-C(x,0)]Q \tag{7-12}$$

式中符号意义同前。

4. 河口一维模型

对于受潮汐影响的河口水域，河口一维模型的基本方程式为

$$\frac{\partial C}{\partial t}+u_x\frac{\partial C}{\partial x}=\frac{\partial}{\partial x}\left(E_x\frac{\partial C}{\partial x}\right)-KC \tag{7-13}$$

式中　u_x——水流的纵向流速，m/s；

E_x——纵向离散系数，m^3/s；

其他符号意义同前。

潮汐河段的水力参数可按高潮平均和低潮平均两种情况，简化为稳态流进

行计算。若污染物排放不随时间变化，涨潮和落潮的污染物浓度分别如下：

涨潮（$x<0$，自 $x=0$ 处排入）

$$C(x)_{上}=\frac{C_pQ_p}{(Q+Q_p)N}\exp\left[\frac{u_x x}{2E_x}(1+N)\right]+C_0 \tag{7-14}$$

落潮（$x>0$）

$$C(x)_{下}=\frac{C_pQ_p}{(Q+Q_p)N}\exp\left[\frac{u_x x}{2E_x}(1-N)\right]+C_0 \tag{7-15}$$

其中 N 为中间变量，即

$$N=\sqrt{1+\frac{4KE_x}{ux^2}} \tag{7-16}$$

式中 $C(x)_{上}$、$C(x)_{下}$——涨潮、落潮的污染物浓度，mg/L；

其他符号意义同前。

相应水域纳污能力为

$$M=\begin{cases}Q_{上}[C_s-C(x)]_{上},x<0\\Q_{下}[C_s-C(x)]_{下},x<0\end{cases} \tag{7-17}$$

式中 $Q_{上}$、$Q_{下}$——计算水域涨潮、落潮的平均流量，m^3/s；

其他符号意义同前。

7.5.2 湖（库）纳污能力计算模型

对于不同类型的湖（库），应采用不同的数学模型计算水域纳污能力。根据湖（库）特征，可参照表7-3进行分类。

表7-3 湖（库）分类表

平均水深	水面面积	类型
≥10m	>25km²	大型湖（库）
	2.5～25km²	中型湖（库）
	<2.5km²	小型湖（库）
<10m	>50km²	大型湖（库）
	5～50km²	中型湖（库）
	<5km²	小型湖（库）

营养状态指数不小于50的湖（库），宜采用富营养化模型计算湖（库）水域纳污能力；平均水深大于10m、水体交换系数 $\alpha<10$ 的分层型湖（库），宜采

用分层模型计算水域纳污能力。

计算水域纳污能力时，如果入湖（库）排污口比较分散，可根据排污口分布进行适当简化。对于均匀混合型湖（库），入湖（库）排污口可简化为一个排污口。

1. 湖（库）均匀混合模型

适用于污染物均匀混合的小型湖（库），污染物平均浓度为

$$C(t)=\frac{m+m_0}{K_hV}+\left(C_h-\frac{m+m_0}{K_hV}\right)\exp(-K_ht) \tag{7-18}$$

其中

$$K_h=\frac{Q_L}{V}+K \tag{7-19}$$

$$m_0=C_0Q_L \tag{7-20}$$

式中 K_h——中间变量，1/s；

C_h——湖（库）现状污染物浓度，mg/L；

m_0——湖（库）入流污染物速率，g/s；

V——设计水文条件下的湖（库）容积，m^3；

Q_L——湖（库）出流量，m^3/s；

t——计算时段长，s；

$C(t)$——计算时段 t 内的污染物浓度，mg/L；

其余符号意义同前。

2. 湖（库）非均匀混合模型

对于污染物非均匀混合的大型、中型湖（库），当污染物入湖（库）后，污染仅出现在排污口附近水域时，采用相应模型计算出距排污口 r 处的污染物浓度 C_r后，则受影响水域的纳污能力为 $M=(C_s-C_r)Q_p$，即

$$M=(C_s-C_r)\exp\left(-\frac{K\phi h_Lr^2}{2Q_p}\right)Q_p \tag{7-21}$$

式中 ϕ——扩散角，由排放口附近地形决定，排放口在开阔的岸边垂直排放时，$\phi=\pi$，湖库中排放时，$\phi=2\pi$；

h_L——扩散区湖库平均水深，m；

r——计算水域外界到入河排污口的距离，m；

Q_p——污废水的排放流量，m^3/s；

其他符号意义同前。

3. 湖（库）富营养化模型

对于富营养化湖（库），可采用狄龙模型计算N、P的水域纳污能力。

$$P=\frac{L_p(1-R_p)}{\beta h_p} \tag{7-22}$$

其中

$$R_p=1-\frac{W_{出}}{W_{入}} \tag{7-23}$$

$$\beta=\frac{Q_a}{V} \tag{7-24}$$

式中 P——湖（库）中N、P的平均浓度，g/m^3；

L_p——年湖（库）N、P单位面积负荷，$g/(m^2\cdot a)$；

β——水力冲刷系数，1/a；

Q_a——湖（库）年出流水量，m^3/a；

R_p——N、P在湖（库）中的滞留系数；

h_p——湖（库）的平均水深，m；

$W_{出}$、$W_{入}$——年出和年入湖（库）的N、P量，t/a；

其他符号意义同前。

对于水流交换能力较弱的湖（库）湾水域，N或P的水域纳污能力为

$$M_n=L_sA \tag{7-25}$$

其中

$$L_s=\frac{P_sh_pQ_a}{(1-R_p)V} \tag{7-26}$$

式中 M_n——N或P的水域纳污能力，t/a；

L_s——单位湖（库）水面积N或P的水域纳污能力，$mg/(m^2\cdot a)$；

A——湖（库）水面积，m^2；

P_s——湖（库）中P、N的年平均控制浓度，g/m^3；

其他符号意义同前。

对于湖（库）湾的水域纳污能力计算可采用合田健模型，即

$$M_N=2.7\times10^{-6}C_sh_p\left(\frac{Q_a}{V}+\frac{10}{Z}\right)S \tag{7-27}$$

式中 2.7×10^{-6}——换算系数；

Z——湖（库）计算水域的平均水深，m；

S——不同年型平均水位相应的计算水域面积，km^2；

其他符号意义同前。

4. 湖（库）分层模型

对于水温水质分层的湖（库），可采用分层模型计算湖（库）水域纳污能力。计算时，应按分层期和非分层期分别计算水域的纳污能力：分层期，按湖（库）分层模型计算；非分层期，可按相应的湖（库）模型进行计算。

分层期（$0<t/86400<t_1$）

$$C_{E(l)}=\frac{\frac{C_{PE}Q_{PE}}{V_E}}{K_{hE}}-\frac{\frac{C_{PE}Q_{PE}}{V_E}-K_{hE}C_{M(l-1)}}{K_{hE}}\exp(-K_{hE}t) \tag{7-28}$$

$$C_{H(l)}=\frac{\frac{C_{PH}Q_{PH}}{V_E}}{K_{hE}}-\frac{\frac{C_{PH}Q_{PH}}{V_E}-K_{hE}C_{M(l-1)}}{K_{hE}}\exp(-K_{hH}t) \tag{7-29}$$

$$K_{hE}=\frac{Q_{PE}}{V_E}+K \tag{7-30}$$

$$K_{hH}=\frac{Q_{PH}}{V_E}+K \tag{7-31}$$

非分层期（$t_1<t/86400<t_2$）

$$C_{M(l)}=\frac{C_pQ_p/V}{K_p}-\frac{C_pQ_p/V-K_pC_{T(l)}}{K_p}\exp(-K_pt) \tag{7-32}$$

其中

$$C_{M(0)}=C_h \tag{7-33}$$

$$K_p=\frac{Q_p}{V}+K \tag{7-34}$$

式中 C_E——分层湖（库）上层污染物的平均浓度，mg/L；

C_{PE}——向分层湖（库）上层排放的污染物浓度，mg/L；

Q_{PE}——排入湖（库）上层的废水量，m^3/s；

V_E——分层湖（库）上层体积，m^3；

K_{hE}、K_{hH}——中间变量，1/s；

C_M——分层湖（库）非分层期污染物平均浓度，mg/L；

t——从分层期起始时间开始计算的时间，d；

t_1——分层期的天数，d；

t_2——非分层期的天数，d；

$C_{H(l)}$——分层湖（库）下层污染物的平均浓度，mg/L；

C_{PH}——向分层湖（库）下层排放的污染物浓度，mg/L；

Q_{PH}——排入分层湖（库）下层的废水量，m^3/s；

$C_{T(l)}$——分层湖（库）上、下层混合后污染物的平均浓度，mg/L；

K_p——中间变量，1/s；

C_h——湖（库）中污染物现状浓度，mg/L；

下标（l）——时间序列号；

其他符号意义同前。

相应的水域纳污能力为

$$M=\begin{cases}[C_{E(l)}+C_{H(l)}]V & \text{分层期} \\ C_{M(l)}V & \text{非分层期}\end{cases} \tag{7-35}$$

式中符号意义同前。

7.6 排放口最优化处理规划

7.6.1 排放口处理最优化处理（水质规划问题）

排放口处理最优规划是以每个小区的污水排放口为基础，在水体水质保护目标的约束下，求解各排放口污水处理效率的最佳组合，目标是各排放口的污水处理费用之和最低。在排放口处理最优规划时，各个污水处理厂的处理规模不变，处理污水量等于各小区收集的污水量。

排放口最优化处理的数学模型如下：

目标函数

$$\min Z=\sum_{i=1}^{n}C_i(\delta_i) \tag{7-36}$$

约束条件

$$\begin{cases}U\vec{L}\pm\vec{m}\leqslant\vec{L^0} \\ V\vec{L}+\vec{n}\leqslant\vec{O^0} \\ \vec{L}\geqslant\vec{O} \\ \delta_i^{\ 1}\leqslant\delta_i\leqslant\delta_i^{\ 2}\end{cases} \tag{7-37}$$

式中 $C_i(\delta_i)$——第 i 个小区污水处理厂的污水处理费用，是污水处理效率 δ_i 的单值函数；

$\vec{L}$——输入河流的 BOD_5 向量；

$\vec{L^0}$——由河流各断面 BOD_5 约束组成的 n 维向量；

$\vec{O^0}$——由河流各断面的 DO 约束组成的 n 维向量；

$\vec{O}$——由零组成的 n 维向量；

δ_i^1、δ_i^2——第 i 个小区污水处理厂处理效率的下限和上限约束；

U——河流的 BOD_5 响应矩阵；

V——河流的 DO 响应矩阵。

7.6.2 排放口最优化

排放口最优化是水污染控制规划中的一种常用方法，一般情况下，它是一个非线性规划问题，其目标函数是非线性的，约束条件是线性的。可对目标函数进行线性化处理，从而可将上述问题转换成一个线性规划问题。求解这类问题，目前应用最多的方法是线性规划和灰色线性规划等。

1. 线性规划

对目标函数进行分段线性化处理，可将式（7－36）和式（7－37）变成线性规划问题。

$$\min Z = \sum_{i=1}^{n}\left[a_{i0} + \sum_{j=1}^{m} a_{ij}\,\delta_{ij}\right] \tag{7-38}$$

$$U\vec{L} \leqslant \vec{L^0} - \vec{m} \tag{7-39}$$

$$V\vec{L} \geqslant \vec{O^0} - \vec{n} \tag{7-40}$$

$$\vec{L} \geqslant \vec{O} \tag{7-41}$$

$$\delta_{ij} \leqslant \delta_{ij}^0 \tag{7-42}$$

式中 a_{i0}——第 i 个小区污水处理厂费用函数的常数项；

a_{ij}——第 i 个费用函数的第 j 个直线段的斜率；

δ_{ij}——第 i 个费用函数第 j 个直线段的函数值；

i——污水处理厂编号，$i=1$，2，…，n；

j——费用函数线性化的区间编号，$j=1$，2，…，m；

δ_{ij}^0——第 ij 区间的污水处理效率约束。

将约束条件中的 $\vec{L}$ 变换为 δ，或者将目标函数中的 δ 变换成 $\vec{L}$。其变换公式为

$$\delta_i = \frac{L_{i0} - L_i}{L_{i0}} \tag{7-43}$$

或

$$L_i = L_{i0}(1 - \delta_i) \tag{7-44}$$

式中 L_{i0}——第 i 个污水处理厂的进水 BOD_5 浓度，mg/L；

L_i——第 i 个污水处理厂的出水 BOD_5 的浓度，mg/L。

因此可以得到新的线性规划数学模式为

$$\min Z = \sum_{i=1}^{n}[a_{i0} + \sum_{j=1}^{m} a_{ij}\delta_{ij}] \tag{7-45}$$

$$U'\vec{\delta} \geqslant \vec{m'} - \vec{L^0} \tag{7-46}$$

$$V'\vec{\delta} \leqslant \vec{n'} - \vec{O^0} \tag{7-47}$$

$$\vec{\delta} \geqslant \vec{O} \tag{7-48}$$

$$\delta_{ij} \leqslant \delta_{ij}^0 \tag{7-49}$$

或

$$\min Z = \sum_{i=1}^{n}[a'_{i0} + \sum_{j=1}^{m} a'_{ij}(-L_{ij})] \tag{7-50}$$

$$U\vec{L} \leqslant \vec{L^0} - \vec{m} \tag{7-51}$$

$$V\vec{L} \geqslant \vec{O^0} - \vec{n} \tag{7-52}$$

$$\vec{L} \geqslant \vec{O} \tag{7-53}$$

$$L_{ij} \leqslant L_{ij}^0 \tag{7-54}$$

2. 灰色线性规划

灰色系统解具有非唯一性，满意解是一个确定的白化解，因为模型系数为区间灰数，目标函数及基本变量的解也应为区间灰数，因此应设法求出目标函数与基本变量的灰数阶（即上、下限值）。

(1) 具有不同类型约束条件的极小值问题。设灰色线性规划模型为

$$\begin{cases} \min Z = \sum_{j=1}^{k} \Omega(c_j)x_j \\ \Omega(A_1)X \leqslant \Omega(B_1) \\ \Omega(A_2)X \leqslant \Omega(B_2) \\ \Omega(A_3)X \leqslant \Omega(B_3) \\ x_j \geqslant 0 \ \forall j \end{cases} \tag{7-55}$$

为了便于讨论，设式（7－55）中所有灰色系数均为正。各区间灰数的白化值可表示为

$$\hat{\Omega}(c_j)=\alpha_c\overline{c_j}+(1-\alpha_c)\underline{c_j} \tag{7-56}$$

$$\hat{\Omega}(a_{ij})=\alpha_{ij}\overline{a_{ij}}+(1-\alpha_{ij})\underline{a_{ij}} \tag{7-57}$$

$$\hat{\Omega}(b_i)=\alpha_B\overline{b_i}+(1-\alpha_B)\underline{b_i} \tag{7-58}$$

式中　α_c、α_{ij}、α_B——灰数$\hat{\Omega}(c_j)$、$\hat{\Omega}(a_{ij})$、$\hat{\Omega}(b_i)$的白化摄取系数。

当α_c取1和0时，$\hat{\Omega}(c_j)=\overline{c_j}$和$\underline{c_j}$，即分别取$\hat{\Omega}(c_j)$的上、下界。同理可得$\hat{\Omega}(a_{ij})$和$\hat{\Omega}(b_i)$的边界值，即目标函数的上、下值分别为$Z_{\text{sup}}$和$Z_{\text{inf}}$。

1）灰色线性规划模型的Z_{inf}及相应的基本变量解$X_{j(\text{inf})}$。为求得Z_{inf}应取$\alpha_c=\alpha_{cj}=0$并使$X_j\rightarrow\min X_j$。为使$X_j\rightarrow\min X_j$，经分析，应要求：对于“$\leqslant$”型约束，$\alpha_A=\alpha_{ij}=1$及$\alpha_B=\alpha_{Bi}=0$；对于“$\geqslant$”型约束，$\alpha_A=\alpha_{ij}=1$及$\alpha_B=\alpha_{Bi}=0$；对于“$=$”型约束，$\alpha_A=\alpha_{ij}=1$及$\alpha_B=\alpha_{Bi}=0$；即各类约束均要求$\alpha_A=1$、$\alpha_B=0$。

所以对灰色线性规划模型，取$\alpha_c=0$、$\alpha_A=1$、$\alpha_B=0$就可得出一个白化的线性规划模型，解此模型，即可得到解及相应的基本变量解的下限值$X_{j(\text{inf})}$。

2）模型的Z_{sup}及相应的$X_j\rightarrow X_{j(\text{sup})}$，这时应使$\alpha_c=1$、$\alpha_A=0$、$\alpha_B=1$，即可解出$Z_{\text{sup}}$和$X_{j(\text{sup})}$。

（2）具有不同类型约束条件的极大值问题。这时的模型只需将模型中的目标函数换为求$\max Z$即可，其他均相同。类似于求极小值的讨论，结果如下：$\alpha_c=0$，$\alpha_A=1$，$\alpha_B=0$，得到Z_{inf}及$X_{j(\text{inf})}$；$\alpha_c=1$，$\alpha_A=0$，$\alpha_B=1$，得到Z_{sup}及$X_{j(\text{sup})}$。即白化方法与求最小值的情况相同。

综上所述，求目标函数与基本变量的灰数解时，极大值与极小值问题的白化方法相同，并且约束类型的影响不大，因此由实际问题得出的模型就可很容易直接求解，而不需要化成标准型后再求解。更重要的是，这样得到的灰数解对于科学决策具有重要意义，如允许在整个（区间）灰数解范围内决策，就可以比较灵活而充分地考虑模型（包括水质模型）中无法描述的因素的作用以及有关实际问题的特点与具体要求等。而根据一个确定的白化解决策就不易做到这一点。

需要说明的是，以上是假定模型中所有灰系数均为正值进行的讨论。当区

间灰数有正有负时，情况比较复杂，因在水质灰色规划中较少遇到，这里不再进一步讨论。

7.7 区域最优化处理规划

7.7.1 区域最优化模型一般形式

在阐述区域最优化处理之前，先要了解最优化均匀处理，即厂群规划问题。其目的是在区域范围内寻求最佳的污水处理厂的位置及规模的组合，在相同的污水处理效率条件下，追求全区域内污水处理费用最低。

而区域处理最优规划是排放口处理最优规划与均匀处理最优规划的综合体。在区域处理最优规划中，既要寻求最佳的污水处理厂的位置与容量，又要寻求最佳的污水处理效率组合。其一般形式为

$$\begin{cases} \min Z = \sum_{i=1}^{n} C_i(Q_i\,\delta_i) + \sum_{i=1}^{n}\sum_{j=1}^{n} C_{ij}(Q_{ij}) \\ U\vec{L} + \vec{m} \leqslant \vec{L^0} \\ V\vec{L} + \vec{n} \leqslant \vec{O^0} \\ q_i + \sum_{j=1}^{n} Q_{ji} - \sum_{j=1}^{n} Q_{ij} - Q_i = 0, \forall i \\ \vec{L} \geqslant 0 \\ \delta_i^1 \leqslant \delta_i \leqslant \delta_i^2, \forall i \\ Q_i, Q_{ij} \geqslant 0, \forall i,j \end{cases} \tag{7-59}$$

式中 $C_i(Q_i, \delta_i)$——污水处理费用，万元，它既是污水处理规模函数，又是处理效率的函数。

7.7.2 最优规划处理方法

区域处理最优规划既要确定污水处理厂的位置和容量，又要确定污水处理的效率；既要考虑水体的自净能力，又要考虑污水处理规模的经济效应和效率的经济效应。目前还没有比较成熟的技术求解这一类问题，试探分解法是较常见的方法。

试探法以“全部处理或全不处理”的策略为基础，把任一小区的污水作为

决策变量，或者就地处理，或者被送到相邻小区去进行共同处理，通过比较系统的总费用，选出当前的最优解，并作为下一次试探的初始目标。

在每一次试探后，原问题就被分解为两个新的子问题：排放口处理最优规划和输水管线的计算。这是两个可以独立计算的问题，它们的费用之和就是系统的总费用，将总费用返回到原问题，与上一次试探的结果比较，舍劣存优。按一定的步骤重复试探过程，直至预定程序结束，选出满意的解。图 7-2 所示为这种试探分解协调的过程。图中：Q_i 为污水处理厂的规模；Q_{ij} 为污水传输的流量；δ_i 为污水处理效率；Z_1 为排放口最优规划的费用；Z_2 为污水传输的费用；Z 为区域处理最优规划的总费用；D_{ij} 为输水管的直径。

试探法是一种直接优化方法，它没有固定的运算程序，其目标就是力求在试探过程中包含尽可能多的组合方案。试探法从任意一个初始可行解开始，例如从排放口处理最优规划开始，通过开放节点试探、封闭节点试探和输水管路试探，求出系统的满意解。

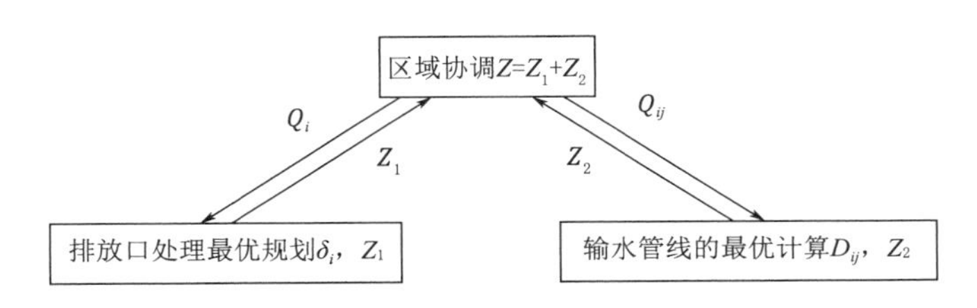

图 7-2　试探分解协调

1. 开放节点试探

开放节点是指建有污水处理厂的小区，一个小区的污水处理厂负责处理本小区和由其他小区传输来的污水。开放节点试探就是将上一次试探中确定建设的污水处理厂关闭掉，将其污水传输到相邻的开放节点去共同处理。如果试探的结果导致总费用下降，则以新的方案取代原方案，作为当前的最优解，否则仍维持原方案。试探结果判断公式为

$$\left[C_i(Q_i,\delta_i)+C_j(Q_j,\delta_j)+\sum_{i=1}^{n}C_i(Q_i,\delta_i)+\sum_{\substack{k=1\\k\neq i,j}}^{n}C_k(Q_k,\delta_k)\right]$$

$$-\left[C'_i(Q_i+Q_j,\delta'_i)+\sum_{\substack{k=1\\k\neq i,j}}^{n}C'_k(Q_k,\delta'_k)+C_{ij}(Q_{ij})\right]>0 \qquad (7-60)$$

式中　　i——试探开放节点的编号；

j——相邻开放节点的编号；

k——其余节点的编号；

C_{ij}——污水传输的费用，万元；

C_i、C_j、C_k——污水处理的费用，万元；

Q_i、Q_j、Q_k——污水处理规模，万 m^3/d；

δ_i、δ_j、δ_k——污水处理效率；

Q_{ij}——污水传输流量，m^3/d。

式（7-60）中第一个括号内表示试探前的污水处理总费用，第二个括号内表示试探后的污水处理费用和传输费用。试探过程不仅改变了流量组合，也使污水处理效率的组合发生了变化。C'_i、C'_k可以由排放口处理最优规划求解计算，C_{ij}由传输管线的费用函数计算。

若式（7-60）不等式成立，说明节点 i 应该封闭，因为节点 i 封闭之后，系统的总费用将下降；否则节点 i 将继续开放。

开放节点试探根据节点编号依次进行，对系统中的所有开放节点进行一次试探称为开放节点的一次试探循环。若一个循环中产生了费用改进，就返回第一个开放节点继续探索；否则，进入下一个子程序——封闭节点试探。

2. 封闭节点试探

封闭节点试探是指不建污水处理厂，而将污水传输到其他小区去处理。封闭节点试探是开放节点试探的逆过程，它的任务是试探开放原先封闭的节点的可能性，一个封闭节点是否应该开放，其判断公式为

$$\left[C'_j(Q_i+Q_j,\delta'_j)+\sum_{\substack{k=1\\k\neq i,j}}^{n}C_k(Q_k,\delta'_k)+C_{ij}(Q_{ij})\right]-\left[C_i(Q_i,\delta_i)+C_j(Q_j,\delta_j)+\sum_{\substack{k=1\\k\neq i,j}}^{n}C_k(Q_k,\delta_k)\right]>0 \tag{7-61}$$

若式（7-61）不成立，则节点 i 应该开放，否则应继续封闭。

与开放节点试探一样，封闭节点试探也根据节点编号依次进行。若在一次封闭节点试探循环中产生了任何的目标改进，就返回到开放节点试探，否则进入下一个子程序——输水管路试探。

3. 输水管路试探

在开放节点试探和封闭节点试探中，各个节点的污水输送都是按节点编号顺序进行的。在实际地理环境中，一个节点的污水输送到另一个节点，有可能

不必经由中间节点传输。在两个节点之间有可能存在捷径。假设 i 和 k 是两个封闭的节点，j 是开放节点。根据开放节点试探和封闭节点试探的结果，i 节点的污水经由 k 节点，与 k 节点的本地污水汇合以后共同输往 j 节点。现在问题是如果 i 节点到 j 节点存在捷径，那么 i 节点的污水是直接输往 j 节点还是原先路径好呢？其判别原则为

$$[C_{ik}(Q_i)+C_{kj}(Q_i+Q_k)]-[C_{ij}(Q_i)+C_{kj}(Q_k)]>0 \qquad (7-62)$$

若式（7-62）不等式成立，表明 i 节点的污水应该直接输送到 j 节点，否则仍需经由 k 节点传输至 j 节点。

输水线路试探对每一个封闭节点依次进行，计算结束，输出系统满意解及其相应的费用。图 7-3 为应用试探法进行区域处理最优规划的主要程序框图。

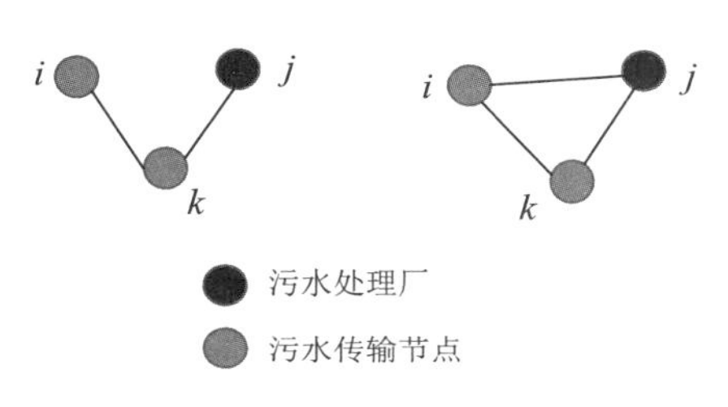

图 7-3　最优输水线路试探

作为一种直接最优化方法，试探法有许多优点。它的原理简单，方法易行，试探法本身对目标函数的形式没有特殊要求，应用十分灵活。不仅可以用于区域处理最优规划，也可用于排放口处理最优规划和均匀处理规划。

7.8　水污染控制规划实例

邕江是过境河流郁江在南宁市的一段，由左江和右江在南宁市市郊江西乡汇合而成，然后自西向东经邕宁县伶俐乡出口流入横县境内。邕江全长 134km，流域面积 6120m^2。邕江穿越南宁市城区中心，把城区分割成南岸和北岸两部分，为南宁市最大河流，是南宁市城市及工农业的主要水源，也是通向区外的河运干线。

7.8.1　邕江水功能区划分

1. 水域功能现状

邕江水域具有集中式生活饮用水源、工业用水、农业灌溉、航运、渔业、娱乐和纳污等功能。随着南宁市实行沿海开放城市政策，经济发展比较快，工农业用水和生活用水也不断增加。除市域固定用水人口 80 万，非农业用水人口

74 万外，还有一定数量的流动人口。因此，集中式生活饮用水水源成为邕江南宁段的首要功能。此外，随着城市经济的发展，污水量会越来越多。因此，水体的纳污功能也越来越重要。

2. 水域功能区划分

根据前面叙述的水功能区划分依据、原则等，以及邕江水质现状、社会经济发展对水资源的要求，将邕江水域的功能划分为 5 大类：心圩江以上流域为Ⅱ类，心圩江至二坑为Ⅱ～Ⅲ类，大坑至青秀山风景区为Ⅲ类，青秀山至莲花为Ⅱ～Ⅲ类，莲花至六景为Ⅲ类，邕江各支流、心圩江、竹排冲为Ⅲ～Ⅳ类，大坑、二坑、水塘江为Ⅳ～Ⅴ类。良凤江为Ⅲ类，八尺江为Ⅲ～Ⅳ类。

3. 混合区划分

目前我国尚没有统一的混合区标准。规划中常用的混合区标准有两类。一是面积控制标准，对于单向流河段

$$A \leqslant 250(L+50) \tag{7-63}$$

式中 A——最大允许混合区面积，m^2；

L——扩散器长度。

对于内陆河流来说，上述标准过于严格，还没有在内陆河应用的先例。因此，应用较多的是另一类混合区控制标准，即距离控制标准。它要求排污口下游若干距离内允许超标，允许距离的长短视河段的功能和所处位置的重要性而定。邕江属内陆河流，混合区的划分采用距离控制标准。如竹排冲河段，由于数十千米范围内不设集中供水水源吸水口，排污口下游 2000m 处的岸边污染物最大浓度达到功能区水质标准即可。

7.8.2 水环境容量计算

南宁市污水是通过几条排污沟流入邕江的，因此，控制排污沟与邕江交接处的排放量是水污染控制的关键。污水排放有两种方式，一是通过工程措施实现断面均匀混合排放，二是岸边直接排放。前者的控制排放量可通过全江段一维模型进行计算，后者的控制排放量可通过污染带模型进行计算。根据南宁市水系分布特点确定的容量计算点（称为可能纳污点）为马巢河口、可利江口、心圩江口、凤凰江口、二坑口、潮阳溪口、亭子冲口、竹排冲口、水塘江口和八尺江口。根据邕江的污染特点，确定代表性水质指标为 COD 和 BOD。

1. 水文设计条件

江段水文条件是决定河道稀释自净能力的主要因素。根据国家标准规定，水质规划应采用保证率为90%最小月平均流量作为计算条件以获得较高的保证程度，同时选用保证率为50%的年平均流量作为比较研究的计算条件。邕江南宁站90%保证率最小月平均流量为170m³/s，50%保证率年均流量为1330m³/s。

2. 允许排放量的计算

(1) 断面均匀混合允许排放量的计算。

1) BOD允许排放量。同一河段内，对于稳态或维持态河流，BOD-DO模型为

$$L(x)=L_0\exp(-K_d x/u) \tag{7-64}$$

$$O(x)=O_0\exp(-K_\alpha x/u)-\frac{K_\alpha L_0}{K_\alpha-K_d}\left[\exp\left(-\frac{K_d x}{u}\right)-\exp\left(-\frac{K_\alpha x}{u}\right)\right]+O_s[1-\exp(-K_\alpha x/u)] \tag{7-65}$$

式中 $L(x)$——BOD浓度；

$O(x)$——DO浓度；

K_α——河流复氧速率常数；

K_d——河水中BOD衰减速率常数。

采用BOD约束。显然，当$x=x_L$（x_L为当前可能纳污断面与下游最近的水质控制断面的距离）时，$L_{(x)}$取极值，故

$$L_0\exp(-K_d x_L/U)\leqslant BOD_0 \tag{7-66}$$

式中 BOD_0——控制断面的水质控制标准。

故

$$L_{0\max}=BOD_0/\exp(-K_d x_L/U) \tag{7-67}$$

又因为

$$W+Q_s L_s=L_{0\max}(Q_s+Q_w) \tag{7-68}$$

式中 Q_s——上游来水量；

L_s——上游来水浓度；

Q_w——污水量；

W——BOD允许排放量。

则有

$$W = L_{0\max}(Q_s + Q_w) - Q_s L_s \quad (7-69)$$

采用 DO 约束。根据 $L_{0\max}$，由式（7-65）计算当 $x = x_L$ 时的溶解氧 O_x，若 $O_x < DO_0$（溶氧水质标准），则减小 $L_{0\max}$ 的数值直至 $O_x \geqslant DO_0$ 为止，再按式（7-68）计算 W 的值。

取 BOD 约束与 DO 约束下控制排放量的较小值，即为该污染断面的 BOD 允许排放量。

2）COD 允许排放量。类似地，根据式（7-66）有

$$COD_{\max} = COD_0 / \exp(-K_C x_L / U) \quad (7-70)$$

根据式（7-68）类推，有

$$C_w = COD_{\max}(Q_s + Q_w) - Q_s C_s \quad (7-71)$$

式中 C_s——上游来水 COD 浓度；

C_w——COD 允许排放量。

（2）岸边直接排放的允许排放量计算。邕江流量较大，稀释能力强，江段各断面平均水质均良好；但由于靠近岸边水流相对平缓，在排污口下游一定范围内形成污染带。尽管在全江段的宏观控制上采用一维模型已经足够，但为了确保局部江段的水源水质不受污染，以及优化具体的污水治理工程，就必须根据二维污染模型来计算控制排放量。邕江采用的二维水质模型为

$$u\frac{\partial C}{\partial x} = \frac{\partial}{\partial z}\left(E_z \frac{\partial C}{\partial z}\right) - KC \quad (7-72)$$

采用积累流量坐标，岸边排放时间连续线源的解析解为

$$\begin{aligned} C(p,x) = \frac{C_r}{2}\Bigg\{\Bigg[\exp\left(\frac{P+P_r}{\sqrt{2}\,\delta_p}\right) - \operatorname{erf}\left(\frac{P-P_r}{\sqrt{2}\,\delta_p}\right)\Bigg] + \sum_{n=1}^{\infty}\Bigg[\operatorname{erf}\left(\frac{2n+P-P_r}{\sqrt{2}\,\delta_p}\right) \\ + \operatorname{erf}\left(\frac{2n+P+P_r}{\sqrt{2}\,\delta_p}\right) - \operatorname{erf}\left(\frac{2n-P-P_r}{\sqrt{2}\,\delta_p}\right) \\ - \operatorname{erf}\left(\frac{2n-P+P_r}{\sqrt{2}\,\delta_p}\right)\Bigg]\Bigg\}\exp(-Kx/u) \end{aligned} \quad (7-73)$$

式中 P——无量纲累积流量横坐标，$P = q_C / Q_R$，其中 $q_C = \int_0^z hz\,\mathrm{d}z$，$Q_R$ 为河流流量；

δ_p——污染物横向扩散的标准差，$\delta_p = \sqrt{2D_z x}$，其中 $D_z = h^2 u E_z / Q_R^2$，E_z 为横向扩散系数；

C_r——概化均匀分布浓度，$C_r=C_dQ_d/(P_rQ_R)$；

P_r——污染源的无量纲累积坐标。

根据式（7-73），当已知某个控制点的水质标准［相当于已知浓度分布 $C(p, x)$］时，就可以通过试错法反求出排污口的允许排放量（相当于求出 C_r后，再求出污染物排放量 $W=C_dQ_d=C_rP_rQ_R$）。

根据上述原理，可以分别求得断面均匀混合排放和岸边排放的允许排放量，表 7-4 是竹排冲口的允许排放量。

表 7-4　竹排冲口的允许排放量　　单位：g/s

排放方式	90%最枯月		50%平水年	
	BOD	COD	BOD	COD
断面均匀混合	74.1	107.5	220.0	296.0
岸边排放	62.1	90.6	172.0	238.4

7.8.3 允许排污量的分配

南宁市的绝大部分工业废水和生活污水主要通过六条排污沟（心圩江、亭子冲、竹排冲、水塘江、大坑和二坑）流入邕江。因此，控制六条排污沟的污染物总量，就能基本控制邕江水体的总纳污量。控制单元的划分就以各条排污沟为单位。

1. 允许排污量的分配方法

这里采用非数学优化分配的 VPDT 法来进行控制单元的允许排放量在各用户之间的分配。VPDT 法的计算公式为

$$W_{pij}=D_{ij}(1+T_{ij}/K_j)\sqrt{V_{ij}P_{ij}} \tag{7-74}$$

式中　W_{pij}——i 单元 j 排污用户所分配的允许排放量系数；

D_{ij}——i 单元 j 排污用户的行业排污系数；

T_{ij}——i 单元 j 排污用户的单位污染治理投资，元/t，$T_{ij}=M_{Rij}/W_{Rij}$，其中，M_{Rij} 为现状污染治理投入费用，W_{Rij} 为现状排污量；

K_j——j 排污用户所在行业单位污水平均治理投资，元/t；

V_{ij}——i 单元 j 排污用户的利税值；

P_{ij}——i 单元 j 排污用户的就业人数。

则 i 单元 k 用户的允许排放量为

$$W_{ij}=C_{im}\frac{W_{pik}}{\sum W_{pij}} \quad (7-75)$$

2. 各控制单元排污用户允许排放量及削减量分配

首先算出各排污沟 COD 和 BOD_5 的允许排放量。表 7－5 是竹排冲控制单元 COD 的允许排放量和削减量。竹排冲控制单元内共有 6 户排污用户，各用户的计算参数表见表 7－6。

表 7－5　　竹排冲控制单元 COD 的允许排污量和削减量

厂名	COD			
	现状排放量/(kg·d^{-1})	允许排放量/(kg·d^{-1})	削减量/(kg·d^{-1})	削减率/%
茅桥造纸厂	13894.79	10089.59	3805.20	27.49
茅桥玻璃厂	9.59	9.59	0	0
毛巾被单厂	22.12	22.12	0	0
翻胎厂	28.78	28.78	0	0
针织厂	86.77	86.77	0	0
第二化工厂	1136.98	783.95	353.03	31.04

表 7－6　　竹排冲 COD 允许排放量和削减量计算参数

厂名	V_{ij}/万元	P_{ij}/人	Q_{ij}①/(万 t·a^{-1})	Q_{Cij}②/(t·a^{-1})	D_{ij}	T_{ij}/(t·元$^{-1}$)	K_{ij}/(t·元$^{-1}$)	W_{pij}
茅桥造纸厂	135	300	133.33	5071.6	2.57	108.87	17.59	3718.33
茅桥玻璃厂	70	1387	60.99	3.5	0.194	0	34.96	60.45
毛巾被单厂	183	790	38.83	88.37	0.68	288.11	1039.45	330.22
翻胎厂	23	360	22.83	10.51	0.172	706.94	34.96	332.14
针织厂	84	1018	19.69	31.67	0.682	134.07	634.33	241.59
第二化工厂	609	479	102	415	0.172	0	34.96	92.90

① Q_{ij} 为废水排放量。
② Q_{Cij} 为 COD 现状排放量。

7.8.4 规划方案实施——排污收费

排污收费制度是实施环境规划的必要措施，制定合理的收费标准是实施排污收费制度的重要条件。现以竹排冲控制单元为例，来说明排污收费标准的制定。

设竹排冲控制单元总量控制前的排污收费为 x 元，实行总量控制以后的第一年，单元排污收费总额为 $1.2x$ 元，然后再除以该单元的 COD 和 BOD_5 允许排放量之和，即得出排污收费基本单价 [元/(kg·d)]，基本单价上浮 50%为超量罚款单价。用基本单价和罚款单价分别乘以单元内各用户的允许排放量和削减量，分别得出各用户的基本收费和罚款收费，COD 和 BOD_5 按相同的标准分别征收。按总额控制竹排冲单元的收费基本单价为 0.195 元/(kg·d)，罚款单价为 0.22 元/(kg·d)，竹排冲控制单元各用户排污收费结果见表 7-7。

表 7-7　　竹排冲控制单元排污收费

项目		茅桥造纸厂	茅桥玻璃厂	毛巾被单厂	翻胎厂	针织厂	第二化工厂	合计
基价排污量/($kg \cdot d^{-1}$)	COD	10089.59	9.59	242.11	28.78	86.77	783.95	11240.79
	BOD_5	3673.78	2.19	98.85	4.34	32.21	703.57	4514.94
罚款排污量/($kg \cdot d^{-1}$)	COD	3805.20	0	0	0	0	353.03	4158.23
	BOD_5	2159.10	0	0	0	0	374.23	2533.33
基价收费/元	COD	1967.47	1.87	47.21	5.61	16.92	152.87	2191.95
	BOD_5	716.39	0.43	19.28	0.85	6.28	137.20	880.43
罚款收费/元	COD	1113.02	0	0	0	0	103.26	1216.28
	BOD_5	631.54	0	0	0	0	109.46	741.00
合计收费/元	COD	3080.49	1.87	47.21	5.61	16.92	256.13	3408.23
	BOD_5	1347.93	0.43	19.28	0.85	6.28	246.66	1621.43
总计/元		4428.42	2.30	68.49	6.48	23.20	502.79	5029.66

7.9 城镇饮用水水源地保护规划

饮用水水源地保护规划是现代水资源保护规划的重点内容之一。饮用水水源地保护规划主要针对各地方政府已划定的或规划中的城市集中供水水源进行。

饮用水水源地保护规划过程包括：对饮用水水源地的现状进行深入调查和客观评价，划分水源保护区，拟定水源保护目标，计算水源地污染物控制排放量和削减量，提出水源地保护对策及管理监督措施等。

7.9.1 饮用水水源地现状调查和评价

1. 饮用水水源地规划控制范围

饮用水水源地具体的水陆域、水质及污染规划控制范围，需要在充分收集资料和调查研究的基础上，因地制宜地划定各个水源地的规划控制范围。原则上，对于河流型水源地的规划控制范围，以取水口上下一定河长内的河道管理范围（包括河道及岸边的适当陆域）为界限，对汇入水源地河道内的支流，其控制范围应包括支流水功能区划分中缓冲区或过渡区的适当河长。对于湖（库）型水源地的规划控制范围，可分为小型湖（库）和中大型湖（库）两种情况。其中，小型湖（库）的水源地规划控制范围包括湖（库）周边陆域及上游主要支流；中大型湖（库）的水源地规划控制范围包括湖（库）周边陆域及上游入库河流缓冲区内的适当河长。

2. 水源地基本情况调查

调查工作需要收集有关资料、实地查勘和调查了解有关情况，必要时还需要进行水量和水质监测。主要调查内容包括：水源地概况；水源地河（湖、库）水文特征；取水管理单位、取水量、供水对象及其实际用水量；水源地城市的社会经济概况；集中供水以外的其他取水情况；水源地开发的近期计划和中长期规划；水源地的现有保护措施等。

3. 水源地污染源现状调查评价

污染源调查内容及评价方法参阅第5章相关内容。评价标准采用《综合污水排放标准》（GB 8978—1996）中的一级标准；污染源评价指标同河道（湖、库）水质检出指标。

通过对污染源现状评价，确定主要污染源、排污口和主要污染因子。

4. 水源地水质现状评价

饮用水水源地水质现状评价同一般水质现状评价，可参阅第3章相关内容。评价按单次监测结果进行评价，统计水源地水质合格率；并按年平均值评价水源地的水质状况。单一水源地采用单因子评价法，即以单项评价最差的项目的水质类别作为该水源地的水质类别。城市水源地采用单一水源地日供水量加权评价城市水源地质量状况。计算方法为：单一水源地水质类别×(单一水源地日供水量/城市主要水源日供水总量)（%）。相同类别水源地供水量百分数累加，

即为评价数。

7.9.2 保护区划分及水质目标确定

1. 保护区划分

饮用水水源保护区包括一定的水域和陆域，地表水供水水源地范围的划分应按照城市规划的总体要求，并兼顾不同水域的水质现状发展趋势，以及各地区对水质水量的近期和远期需求，保护区的水质能达到相应的标准。地下水供水水源地范围的划分应根据水源地所处地理位置、水文地质条件、供水的数量、开采方式和污染源的分布划定。

地表饮用水水源，分河流、湖泊（水库）两种类型。集中式供水的饮用水水源地应按照不同的水质标准和防护要求，分级划分水源保护区。饮用水水源保护区一般划分为一级保护区和二级保护区，必要时可增设准保护区。各级保护区应有明确的地理界线。在地表饮用水水源取水口附近划定一定的水域和陆域作为地表饮用水水源一级和二级保护区。

按照有关规定，水源保护区按以下要求划分：

（1）以河流为饮用水水源地，一级保护区为取水口上游1000m至下游100m水域。受回水及潮汐影响的河段，取水口下游范围，根据实际情况适当向下游延长，并在一级保护区外划定一定范围为二级或其他等级保护区，保证一级保护区水质目标的实现。

（2）以湖泊（水库）为饮用水水源地，一级保护区为取水口周围至少1000m水域并在一级保护区外划定更大的区域为二级或其他等级保护区。

地下水源一级保护区位于开采井的周围，其作用主要是保证供水安全；二级保护区位于一级保护区外，其作用是保证集水有足够的滞后时间，以防止病原菌以外的其他污染。

2. 水质目标

地表水一级保护区的水质标准不得低于《地表水环境质量标准》（GB 3838—2002）Ⅱ类标准。二级保护区的水质标准不得低于GB 3838—2002 Ⅲ类标准，并应保证一级保护区的水质能满足规定的标准。准保护区的水质标准应保证二级保护区的水质能满足规定的标准。

7.9.3 水源地污染物排放量控制

按照有关规定，原则上饮用水水源地应该严格保护，不允许直接向作为饮用水水源地的水体排放污染物，这是对饮用水水源地保护的一个基本认识。因此，一般不进行水源地允许纳污能力的计算。对于水源地（河、湖、库）支流的水质实行目标管理，即各入河（湖、库）支流在入河前应达到规划确定的水质标准（地表水Ⅱ类或Ⅲ类标准）。如果入河支流在饮用水水源的规划范围内，或确实因为在一定时期尚不能完全避免向饮用水水源地排污，应考虑利用纳污能力的方法，进行污染物削减量计算。这里应当明确的是，一级保护区内严禁排污，所进行的纳污能力分析及污染物削减量计算是在二级保护区、准保护区开展的。

纳污能力的计算取决于水源地的水文条件、水质目标以及水质监测断面（点）的具体位置等。

水文条件：河流设计流量采用95%保证率的最枯月平均流量；湖库设计流量采用95%保证率的最枯月平均水位。

监测断面（点）位置：一般与一级保护区的控制断面（点）相一致；河流的监测断面选在一级保护区上边缘；若取水口位于河口地区和感潮河段，应在一级保护区的下边缘增设断面；湖泊（水库）的监测点选在一级保护区的边缘离排污口最近点。

纳污能力计算的具体方法可参阅7.5节相关内容，包括模型及参数确定，若水源地为河流则计算方法同河流；若水源地为湖（库）则计算方法同湖（库）。

7.9.4 饮用水水源地保护对策及管理监督措施

1. 水源地保护对策和工程措施

对于已经出现污染的水源地，根据水源保护区的防护要求和污染物总量控制的要求，限期治理工业污染源，重视治理生活污染源和非点源污染；对分级划分的饮用水水源保护区，根据《饮用水水源保护区污染防治管理规定》实行分级防护。饮用水水源保护区的设置和污染防治应纳入当地的社会经济发展规划和水污染防治规划。跨地区的饮用水水源保护区的设置和污染防治应纳入有关流域、区域、城市的社会经济发展规划和水污染防治规划。

保护饮用水水源地水质的工程措施主要有：水源地优选和迁移措施；排污口和污染源的迁移措施、治理措施；非点源污染控制管理措施；工业用水和饮用水分流措施；限制工业取用地下水；建设城镇污水处理厂；在主要排污沟设置部分曝气装置等。

2. 管理监督措施

管理监督措施主要内容包括：加强水源地水质监测和动态跟踪能力；推行总量控制与排污许可证制度；建立健全水源保护的法律、法规；倡导水源地保护公众参与和监督；建立城市饮用水源保护目标责任制和定量考核管理办法；注重科学研究，为饮用水水源保护与管理提供技术支持等。

参 考 文 献

[1] 魏俊，陆瑛，程开宇，等．城市水环境治理理论与实践［M］．北京：中国水利水电出版社，2018.

[2] 钟家有，雷声．水生态环境综合治理与保护［M］．北京：中国水利水电出版社，2014.

[3] 王培风，徐栋．“五水共治”科普丛书（1）治污水［M］．杭州：浙江工商大学出版社，2014.

[4] 雒文生，李怀恩．水环境保护［M］．北京：中国水利水电出版社，2009.

[5] 姜弘道，严忠民．水利概论［M］．北京：中国水利水电出版社，2010.

[6] 陈晓宏，江涛，陈俊．水环境评价与规划［M］．北京：中国水利水电出版社，2007.

[7] 李轶．水环境治理［M］．北京：中国水利水电出版社，2018.

[8] 窦明，左其亭．水环境学［M］．北京：中国水利水电出版社，2014.

[9] 汪达，汪丹．水环境与水资源保护探索与实践［M］．北京：中国电力出版社，2017.

[10] 奚旦立，孙裕生．环境监测［M］．4版．北京：高等教育出版社，2010.

[11] 李圭白，张杰．水质工程学［M］．2版．北京：中国建筑工业出版社，2013.

[12] 陈梁擎，樊宝康．水环境技术及其应用［M］．北京：中国水利水电出版社，2018.

[13] 邹丛阳，张维佳，李欣华，等．城市河道水质恢复技术及发展趋势［J］．环境科学与技术，2007（8）：105－108，127.

[14] 苏冬艳，崔俊华，晁聪，等．污染河流治理与修复技术现状及展望［J］．河北工程大学学报（自然科学版），2008，25（4）：56－60.

[15] 徐贵泉，褚君达．上海市引清调水改善水环境探讨［J］．水资源保护，2001（3）：26－30.

[16] 熊万永．福州内河引水冲污工程的实践与认识［J］．中国给水排水，2000，16（7）：26－28.

[17] 嵇晓燕，崔广柏．河流健康修复方法综述［J］．三峡大学学报（自然科学版），2008，30（1）：38－43.

[18] 徐海娟，冯本秀．河流污染治理与生态恢复技术研究进展［J］．广东化工，2008（7）：128－130，138.

[19] 金相灿，刘文生．湖泊污染底泥疏浚工程技术：滇池草海底泥疏挖及处置［J］．环境科学研究，1999，12（5）：9－12.

[20] 孙厚钧．水体增氧技术是改善城市河流湖泊水质的有效措施［J］．北京水务，2002（4）：35-36.

[21] 孙从军，张明旭．河道曝气技术在河流污染治理中的应用［J］．环境保护，2001（4）：12-15.

[22] 张捷鑫，吴纯德，陈维平，等．污染河道治理技术研究进展［J］．生态科学，2005，24（2）：178-181.

[23] 王诚信，凌晖，史可红．污染河流的纯氧曝气复氧［J］．上海环境科学，1999（9）：31-33.

[24] 王璟，夏文林．某市内河采用曝气辅助治理方案探讨［J］．工程建设与设计，2008（1）：57-60.

[25] 陆长梅，张超英，吴国荣，等．纳米级抑制微囊藻生长的实验研究［J］．城市环境与城市生态，2002，15（4）：16-18，21.

[26] 邱慎初．化学强化一级处理（CEPT）技术［J］．中国给水排水，2000，16（1）：26-29.

[27] 间营军，孙从军．浅谈污染河道水体治理［J］．造船工业建设，2001（4）：34-39.

[28] 曾宇，秦松．光合细菌法在水处理中的应用［J］．城市环境与城市生态，2000，13（6）：29-31.

[29] Robert L. India cleans up polluted lakes and rivers［J］． Water and Wastewater International，2003，18（3）：14.

[30] 徐亚同，史家，袁磊．上澳塘水体生物修复试验［J］．上海环境科学，2000，19（10）：480-484.

[31] 刘延恺，陆苏，孟振全．河道曝气法——适合我国国情的环境污水处理工艺［J］．环境污染与防治，1994（1）：23-26.

[32] 凌晖，王诚信．纯氧曝气在污水处理和河道复氧中的应用［J］．中国给水排水，1999，15（8）：49-51.

[33] Xu H，Paerl HW，Qin B，et al. Determining critical nutrient thresholds needed to control harmful cyanobacterial blooms in eutrophic Lake Taihu，China［J］． Environmental Science & Technology，2015，49：1051 - 1059.

[34] 中华人民共和国环境保护部．2008中国环境状况公报［R］．2008.

[35] 中华人民共和国环境保护部．2009中国环境状况公报［R］．2009.

[36] 中华人民共和国环境保护部．2010中国环境状况公报［R］．2010.

[37] 中华人民共和国环境保护部．2011中国环境状况公报［R］．2011.

[38] 中华人民共和国环境保护部．2012中国环境状况公报［R］．2012.

[39] 中华人民共和国环境保护部．2013中国环境状况公报［R］．2013.

[40] 中华人民共和国环境保护部．2014中国环境状况公报［R］．2014.

[41] 中华人民共和国环境保护部．2015中国环境状况公报［R］．2015.

[42] 中华人民共和国环境保护部.2016中国环境状况公报[R]. 2016.
[43] 中华人民共和国环境保护部.2017中国环境状况公报[R]. 2017.
[44] 中华人民共和国生态环境部.2018中国环境状况公报[R]. 2018.